翻轉學

翻轉學

33張圖秒懂

OKR

Google人才培訓主管
用圖解掌握執行OKR
最常見的七大關鍵、
高效改革體質、精準達標

彼優特‧菲利克斯‧吉瓦奇 Piotr Feliks Grzywacz 著
張嘉芬 譯

成長企業はなぜ、ＯＫＲを使うのか？

Contents

目錄

第 1 章　為什麼要導入 OKR？

第 2 章　如何成功導入 OKR ？

第 3 章　如何無礙運用 OKR ？

第 6 章　如何進階活用 OKR？

第 7 章　為什麼現在企業需要 OKR？

好評推薦

「近幾年，OKR 已經成為海內外企業在目標與績效管理上的顯學，相關書籍如雨後春筍般百花齊放。本書是來自西方，又有多年豐富亞洲職場經驗的摩根史坦利、谷歌亞太區前培訓主管，同時身兼暢銷作家的彼優特·吉瓦奇多年的實戰經驗分享，完整融會貫通東西方管理哲學的優點，把 OKR 用深入淺出的方式暢談圖解，適合從職場新手到資深管理階層的所有讀者深入挖掘。」

—— 何則文，作家、人資主管、職涯教練

「假如你想導入企業 OKR，很推薦這本書，除了有原理，更有企業情境的說明，可以讓創業家更了解在導入與執行的過程中可能會遇到的問題。」

—— 孫治華，策略思維顧問有限公司總經理

推薦序

調校 OKR 的絕佳手冊

—— 盧鄭麟，兵法管理顧問有限公司總經理

　　身為敏捷方法的講師和教練，我發現敏捷方法的許多做法和精神，與 OKR 都頗為神似，只不過敏捷方法多聚焦在短期的專案管理，而 OKR 則是聚焦在中長期的組織經營績效，兩種方法均一致推崇以下的做法：

1. 尊重個人想法，但更重視團隊合作。
2. 高層給方向，但授權由下而上制定執行決策，並給承諾。
3. 鼓勵盡早失敗、盡早改善調整，以靈活應變。
4. 鼓勵面對面形式的簡單有效溝通。
5. 計畫與施行狀態公開透明。

　　管理學是一門高深的藝術，沒有一體適用的萬靈丹，唯有具體實踐並不斷調校，才有可能練就一身好功夫。

　　本書以圖解方式介紹 OKR 的各種施行原則和背後的精神，是絕佳的參考手冊，可隨時快速複習，溫故知新，協助你調校 OKR 施行策略，以臻成功。

推薦序

最一目了然且實用的 OKR 圖解手冊

—— 李河泉，華人知名企業講師、超級領導力課程 · 主題
講師班創辦人、世新大學傳播學院副教授

由於幫企業上課的緣故，許多 OKR 的書我幾乎都看過，每本書也都講的很有道理。

問題是，OKR 不能只講道理，必須能落實在公司，讓負責人願意導入，讓主管能夠聽懂、讓同仁願意接受，並形成共識的機制。

OKR、KPI 和 MBO 的重要關聯

1954 年，彼得 · 杜拉克大師提出「目標管理 MBO」，許多人學到「公司要先設立目標，然後帶著同仁共同達成這個目標」。

基於「帶著同仁共同達成這個目標」，於是衍生出 KPI（Key Performance Indicators，關鍵績效指標）的績效管理制

度，也是全世界相當普遍使用的制度。

從台灣導入 KPI 以來，為了帶領近千人的團隊，我研究過相當長的時間，有著非常多的經驗，甚至連自己的小孩都拿來練習。（聽起來似乎不是個很正常的爸爸？）

OKR 越來越受大家歡迎的原因

只是，如果 KPI 這麼好用，那麼為什麼近幾年 OKR 會這麼流行？甚至越來越多知名的企業開始想導入 OKR ？

我的觀察，可能來自於兩大原因：

1. 採用 OKR 的成功典範吸引

從英特爾（Intel）和谷歌（Google）的案例，許多企業想複製成功的做法，也因此開始重視 OKR。

2. 員工接受度的改變

KPl 在績效考核上，將同仁的績效表現和獎懲連動固然有好處，但也逐漸造就「沒有好處就不做事」、「每天只是來工作，不是追求夢想」的同仁。

過去的員工總認為遵守公司的指示是天經地義的事；然而

新一代的同仁開始主張自己的權利和擁護自己的觀點，造成上下對立。

我最喜歡 OKR 的觀點，就是來自於當初 Intel 首位營運長安迪・葛洛夫（Andrew Grove）對於 MBO 的詮釋：「當我們訂好目標時，重要的不是我們要求同仁必須到達那裡，而是同仁為什麼願意跟我們一起去哪裡？」

「要求同仁如何到那裡」就變成自上而下規定的 KPI，做到就賞，沒做到就罰。

「同仁為什麼願意跟我們一起去那裡？」成為自下而上的 OKR，增加同仁心甘情願的想法，真正達成上下一心。

本書具備三大好處

當我看到這本書的書名時，就勾起了我極大的興趣，因為我還算了解 OKR，知道讓大家接受它的導入有多困難。

我最大的疑問是「如何用 33 張圖讓大家了解 OKR？」

原來在本書的前六個章節，作者同時搭配著文字和圖片，每個章節大約用 5 至 6 張圖片，讓大家一看就懂。

另外，可以把它想像成是我們在上課時，老師播放 33 張投影片，讓大家了解整個觀念。

如果其他的書擁有「完整的理論基礎」，那麼此書更像一本「實用的圖解手冊」。

對讀者來說，我覺得本書有三大好處：

1. 實際的案例解說

作者舉出日本實際運用 OKR 的企業，而且一個章節就以一個企業為例，讓讀者容易設身處地，感受情境。

2. 清楚的圖示表達

這 33 張圖就是本書的靈魂，比如 OKR 需要「當事人評估達成目標有多少信心」、「公司由上而下的設定方法」，許多 OKR 書中都提到文字內容，但只有這本書的圖示，最令我們一目了然。

3. 貼近企業的痛點

這本書和其他 OKR 的書還有個不同之處是，在第六章和第七章談到「一對一面談」和「為什麼現在企業需要 OKR ？」

我能體會作者之所以要花兩個章節的篇幅來描述，是由於

近年來企業的頭重點之一，就是「對人員管理的困擾」。

過去的企業，員工進到公司主要是為了完成「公司交代的任務和使命」。可是現在不同，進來的員工是為了「學習自己想要的經驗和想法。」

上下觀念的落差，造成管理上的衝突，這也是我近幾年協助企業進行教育訓練時，公司主管最常提出來的困擾之一。

主管不能只抱怨「為什麼現在的世代都變成這樣？」「為什麼都無法激發他們的上進心和動機？」

解決方法其實有很多，但最重要的是「別用舊觀念，管理新世代」。

仔細閱讀本書，是吸收新觀念的最佳途徑。

本書閱讀方式

「案例」部分

介紹企業導入、運用 OKR 的實際案例

「重點」部分

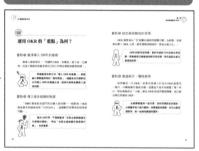

講解企業導入、運用 OKR 案例當中的重點

「常見情況」部分

介紹導入、運用 OKR 時常見的問題或失誤

「圖解說明」部分

講解導入、運用 OKR 前應先學會的概念

圖示涵義

「負責人」，訂定全公司的 OKR

「主管」，訂定團隊的 OKR

「員工」，訂定個人的 OKR

前言

為什麼現在 OKR 備受矚目？

英特爾、谷歌、臉書⋯⋯都在用

近來，「OKR」備受日本企業關注，不時會聽到又有哪家企業導入這套方法的消息。

所謂的 OKR，其實是「目標與關鍵成果」（Objectives and Key Results）的英文縮寫，是一套適用於企業或組織的人才管理法，由美國科技公司英特爾（Intel）一手打造，後來谷歌（Google）、臉書（Facebook）等企業也相繼導入，成效卓著，讓 OKR 一炮而紅。

「OKR」由三個英文字母組成，其中包含兩個主要元素，也就是「目標」（Objectives）和「關鍵成果」（Key Results）。為整個企業、內部的各部門和個人，分層設定「目標」（O），再設定 2 到 3 個能衡量目標是否達成的具體「成果」（KR）指標——這就是 OKR 的基本概念。

不論是當年在谷歌擔任人資主管，或是現在身為普羅諾伊亞集團（Pronoia Group）的負責人，我曾參與 OKR 的導入、運用，看到 OKR 目前在日本廣受矚目的盛況，內心感當相到欣慰；因為只要妥善運用，**OKR 就能成為一套改變員工意識，驅動組織發展的有效工具。**

另一方面，我也感受到 OKR 變成「熱搜關鍵字」，有些企業因為它夠新、夠潮，就紛紛一窩蜂地導入。會有這種現象，或許是因為「谷歌也在用」、「日本的 Mercari*也採用」等說詞，也就是所謂「當紅企業的管理法」的印象，在各界發酵的緣故。這種印象讓企業高層認為，「只要導入這套做法，公司就能躋身成長企業的一員」，卻對 OKR 的本質一知半解。

用跨國企業經驗，解決管理課題

2000 年，我到日本千葉大學擔任研究員。日本博大精深的文化、完善的社會基礎建設和安全宜居的環境，促使我選擇留在當地工作。我先是在貝立茲（Berlitz）、摩根士丹利（Morgan Stanley）和谷歌等跨國企業的日本據點任職後，在

---

* 日本知名企業，以營運網路二手交易平台為主。

2015 年成立自己的公司「普羅諾伊亞集團」。

　　會選擇在日本創業，是因為我認為自己長年在企業累積了人才培訓、組織發展的經驗，應該可以對日本的企業組織，甚至是對日本人有所助益。我在日本認識很多人，也得到了很多寶貴的機會，才得以成長茁壯，所以我想把自己在日本得到的東西，盡可能回饋給日本。

　　我雖是歐洲的波蘭人，但出社會後的商務經驗，卻都在日本累積。因此，我相當了解日本企業的魅力與優勢（事實上，我的日語和英語都說得比波蘭語流利）。

　　不過，因為我過去的資歷是在跨國企業任職，所以也發現日本企業組織特有的一些課題。尤其日本企業管理人才的方法，長年來都是我心中的疑慮。

OKR 能有效解決新時代的挑戰

　　早上 8:50，在市區捷運站會碰到很多為了要趕在 9:00 前打卡，而匆忙的上班族。每次看到這種景象，我總不免擔心：「走得那麼匆忙，都不會發生意外，或鬧出什麼糾紛嗎？」

這可不是導入彈性工時或時差通勤 *，就能解迎刃而解的問題。這種現象的背後，其實是日本企業在人才管理上出了問題。

工作原本該依績效好壞給予適當的評價，也就是在評估每個人的工作內容後，設定目標，並就工作績效進行量化的考核；然而，許多企業並沒有做到這一點。因此，監視員工是否每天早上 9:00 前進公司，便成了基層主管的工作。

如果每位員工只要處理完眼前的例行公事，那麼統一用時間來管理員工，或許是個有效的方案。然而，如今各家企業，恐怕都不是用這種管理方法來面對激烈的生存競爭。

重複做例行公事就能賺大錢的時代已經過去，企業不能耽溺於昔日的成功經驗，必須挑戰前所未有的無人之境。

因此，企業應該從管理人才的方法開始改變，建立「用績效管理人，而不是用時間」、「人才管理不是只聽公司組織的命令，而是要懂得尊重個人的想法和獨特性」等。我想這就是現今許多企業面對的課題。

而 OKR 正是可以有效解決這個課題的利器。

---

* 在公司規定的工作時間內，員工可自行決定上下班的時間，以錯開通勤高峰時段。

「設定難以輕鬆達成的高水準目標」是關鍵

事實上，OKR 人才管理法，除了用績效來管理人才，更重要的，是有助於提高員工的工作動機，改善工作表現。

看到「人才管理法」的詞彙，或許很多讀者會覺得「就是要把員工全都套入某種框架」。其實，就某種涵義來說，OKR 是用來拿掉那些框架的工具。換言之，OKR 是要營造出讓人更能自在工作的環境，以創造工作績效。

所以，在已導入 OKR 的企業中，通常都會為員工設定難以輕鬆達成的高水準目標。而這些目標，因為實在是遠大到堪比登陸月球，因此又稱「射月」（moonshot）。可能有些人會覺得「把遙不可及的事當作目標，會不會只是空談？」

然而，這樣的目標設定，其實是要改變員工心態，要讓大家敢對企業組織或個人規劃「夢想」，進而刺激工作動機，提升工作表現。

不過，這不代表夢想終究只是夢。讓員工在追夢的過程中，感受到「我們為了一個不可能的目標而努力，最後得到前所未有的佳績」，這一點也很重要。因此在設定 OKR 之際，也要顧慮目標難度與員工感受之間的平衡。如果每次都能 100% 達標，那就表示目標設定得太低，需要重新審視是否將目標設定

在可達到六成至七成的水準。

另外，OKR 不見得一定要和人事考核連動。雖然谷歌把 OKR 的達成狀況與員工考績綁在一起，但還是有很多導入 OKR 的企業，並未以此做為考核標準。其實只要妥善運用，不見得一定得把 OKR 的達成績效與人事考核連結，同樣能為企業、組織創造佳績。

更何況導入 OKR 的目的，不是為了要訂出一個幾乎不可能達成的目標，再奴役員工做牛做馬，不達成絕不罷休。導入 OKR 真正的目的，是要標舉出明確的目標，讓員工知道「大家要同心協力，往這個方向衝刺」，凝聚眾人目光焦點，同時提高達成動機。再者，訂定高水準的目標，讓大家為達成目標而努力，也能催生出前所未有的新觀點、新方法。

根據企業各自的使命和特色，設定遠大目標

企業導入 OKR 很重要的一個目的，在於讓組織中的成員看到遠方有個遠大目標，讓每個人思考自己能為追求目標採取什麼行動，並加以落實，進而催化更多突破。

反過來說，要讓 OKR 有效發揮該有的功能，就必須先明

確標舉出「公司追求的遠大目標」。若不釐清這一點，只因為「谷歌都在用 OKR」就一味盲從，應用起來也不會太順利。畢竟谷歌有自己的企業目標、企業特色和其獨特的競爭環境。

同樣地，各位任職的公司，也會有想達成的使命，或自己原有的特色，甚至有別於其他企業的競爭環境。**各企業應根據這些條件綜合評估，訂定出自家公司的目標。**

訂出目標後，企業或組織還要研擬一套政策，例如：是否與人事考核連動、該項目標的適用期間等，以規範目標的運用原則。目標的運用政策，應仔細考量企業組織的商業模式、企業文化，還有員工的專長與志向等因素後，再做決定。

靈活運用與修正，才不會脫離 OKR 本質

事實上，即使做好萬全的準備，鮮少有企業在導入 OKR 之初就能得心應手。因為 **OKR 的概念雖然很簡單，但必須配合實際需求靈活運用，且得不時修正運用政策。**

所以本書中，我會以實際導入、運用 OKR 的企業為例，詳加解說運用 OKR 時的必備知識與技能（know-how），讓大家對 OKR 有更深入且正確的認識。各章的基本結構，均由「導

入、運用 OKR 的企業案例」、「導入、運用 OKR 的重點與可能遭遇的問題」和「導入、運用 OKR 的關鍵概念說明（講解）」組成。

書中所介紹的企業實例，除了 Mercari 科技公司，也有小橋工業的家族企業，或是為企業提供業界分析資訊服務的優則倍思（UZABASE），甚至包括我自己的普羅諾伊亞集團等，涵蓋領域相當多元。

在概念說明的部分，除了會介紹導入、運用 OKR 時的操作手法和工具，還會講解相關的前提觀念。我認為，**要通盤了解 OKR 的概念，才能為自家企業、組織量身打造合適的 OKR 運用政策，而不致於脫離 OKR 的本質。**

期盼透過本書，能在企業導入、運用 OKR 概念，轉型成更具創新體質的企業之際，提供些許指引。

第 1 章

為什麼要導入
OKR ？

傳產龍頭轉型成功，逆勢成長

【案例企業】小橋工業（http://kobashiindustries.com/）

市場衰退，還能逆勢走揚，穩居龍頭

日本岡山縣的岡山市郊原本幾乎是一整片臨海淺灘，而岡山市南區一帶，則是到了江戶時代才開發成海埔新生地。小橋工業的總公司，就座落在南區的一隅。

小橋工業創立於 1910 年，現任董事長的高祖父小橋勝平，當年是以打造農具的打鐵鋪起家。

第二次世界大戰結束後，1952 年，打鐵鋪才正式登記為公司法人，更名為小橋農具製作所有限公司。自此之後，就專注於農機具的五金生產。主力商品是耕耘機上的鋼爪，同時生產農用曳引機上的旋轉耕耘刃及鬆土機等。

小橋工業的資本額為 1 億日圓，員工總數約 300 人，是一家生產小眾且傳統產品的中堅製造商，可說是典型的在地家族

企業。日本的農業市場呈現結構性的衰退趨勢，業界整體營收較二十年前萎縮近半。然而，小橋工業的業績卻能逆勢微幅走揚，在耕耘機刀爪市場上，更是穩居日本國內的市占率龍頭。

小橋工業的促銷傳單上，至今仍使用「耙具行快報」這個標題，字裡行間透露的，是即使在創立已逾百年的今天，小橋工業仍懷抱著「耙具行」的精神，以製造、生產為傲。

近年來，小橋工業以「智慧化」為發展核心，積極與各領域的企業合作、結盟。他們的奮鬥精神，甚至還在池井戶潤大師筆下，化成了暢銷小說《下町火箭》系列最新作品《下町火箭：八咫鳥》中出現的企業原型。

墨守成規無法消除危機感

現任董事長小橋正次郎，才三十多歲。他大學畢業後，曾在東京的科技公司服務，後來在 2016 年 10 月繼承家業，正式出任董事長一職。

或許有些人會覺得，既然接下業績長紅的公司，高枕無憂地當個第四代，安穩地坐在董事長大位上就好。可是，正次郎卻有強烈的危機感。

雖說目前業績表現不俗，但日本的「農業」正持續走向衰退。在日本加入「跨太平洋夥伴協定」（Trans-Pacific Partnership, TPP）之前，從農人口銳減、高齡化和農地荒廢等問題就相當嚴重。這是日本農業結構上的問題，像是農民無論生產出再怎麼優良的作物，農產品一律按照既定規格評鑑，並以統一價格收購。

在這種體制下，農民根本沒有意願「花心思供應更好的作物」。即使農民有心導入新嘗試，農業政策的排他性，也會將這些嘗試拒於門外，讓「棄農」的情況日趨嚴重。

產業蕭條所帶來的影響，遲早會反映在小橋工業「耙具行」的業績上。可是，放眼公司內部，卻彌漫著一股氣氛：「未來的確會有這種問題，但反正現在公司還有獲利，那不就好了嗎？」

員工會有這種心態，一方面是因為現任社長的父親──第三任董事長以強勢領導風格帶領公司，是一位凡事親力親為、親自核決的領導者。

事實上，當年日本經濟從高度成長期邁入成熟期，要能成功度過好幾波景氣的高低潮，「員工團結一致，致力發展某項業務」的公司作風，或許的確是比較適合當年那個時代的需求。

然而，驀然回首，才發現越接近公司權力核心的人物，越

是對高層意見唯命是從。

今後的時代，需要的是不受現有事業框架局限的新創意、新發展。光是純粹由上而下的發號施令組織，無法因應未來的變局。

況且，如果只仰賴董事長一個人的能力帶領公司，那麼「董事長能力的極限」就等於是「公司的極限」。這樣的企業，恐怕無法安然度過今後的新時代。

剛上任不久的正次郎，感受到了一股很強烈的焦慮。他覺得自己現在即使什麼都不做，或許還勉強撐得過自己這一代。但很顯然地，再這樣下去，公司就會每況愈下。

既然接手了這麼一家「績優企業」，他想盡可能讓公司變得更好，再交棒給下一代。而他也知道，墨守成規絕不會讓他的這份想望成真。

公司本來就不是谷歌，也沒想過要變成谷歌

正次郎上任後，隨即向部屬表示：「我不搞我父親那一套。」因為他希望公司裡到處都能萌生新芽，展現一番新氣象，不要凡事都由他自己一個人決定。

　　但實際上，正次郎該如何把他所感受到的這份危機感帶進公司，讓全公司都能有共同的認知，的確是一大挑戰。此時，他偶然讀到了《零秒領導力》一書，隨即透過關係聯絡我，後來知道 OKR 這套工具。

　　不過，讓正次郎認定「我要的就是 OKR」的契機，絕非因為「彼優特以前在谷歌任職」的頭銜，更不是「OKR 是谷歌用過後，效果卓著的管理法」。況且，正次郎原本就認為，如果只是因為「谷歌用這套方法很成功」就依樣畫葫蘆導入 OKR，絕對不會成功。

　　小橋工業未來發展的前途，的確面臨很大的挑戰。不過，小橋工業自有一套「小橋主義」，也就是在逾百年的歷史中所培養出來的企業 DNA，絕不容更動。

　　或許說是小橋工業在製造產品時那份誠實無欺的態度，又或許是這一貫的態度，累積出顧客對小橋品牌的信任。若只一味追求創新，忽略了這種精神，那麼公司恐將淪為無根的浮萍，走向頹敗凋零。

　　正次郎自己也曾說：「**我們公司本來就不是谷歌，也沒想過要變成谷歌。**」他想要的，不是「頂尖企業在用的人事管理工具」的黃袍加身，而是員工願意主動訂立遠大目標，並朝目標邁進的自發和自律。

正次郎認為，若導入 OKR 有助於實現上述想法，那麼對小橋工業而言，OKR 或許真的是有益健康的一帖良方。

不再由上對下、打破「以前都是這樣做」

正次郎下定決心「不用上對下的強勢作風帶領公司」後，果斷地宣布要改變某件事。

他要改變的是，用「以前都是這樣做」當擋箭牌，多年來因循苟且，從不加以審視、檢討的工作程序。

舉例來說，以往小橋工業的生意，都是透過傳真接單，而且還養成了「接到傳真後再打電話向客戶確認」的習慣。相較於以往連傳真都沒有的時代，傳真接單或許的確是很劃時代的做法。

可是，如今可透過網路，更迅速而確實地接單。既然「用合理的價格，提供優質的商品給顧客」是製造業做生意的金科玉律，那麼小橋工業又怎能在公司裡製造不必要的成本呢？

另一方面，小橋工業很積極突破舊有的框架，發展異業結盟或轉投資。

以小橋工業近期的幾個合作案為例：2018 年 5 月與營業據

點在美國矽谷、開發並銷售農地監控裝置的新創企業 KAKAXI 進行商業合作；2018 年 11 月出資加入一檔專門扶植無人機新創企業的基金「無人機基金 2 號」（Drone Fund II）。這些合作案都是著眼於未來農業走向資訊化、無人化的相關技術。

此外，小橋工業也投資了香川大學的新創團隊「未來機械」，開發搭載太陽能發電板的掃地機器人等，在農業和非農業領域擴大合作關係。

這些結盟與投資，都不是單純為了投資獲利，而是在小橋工業研判「對未來社會有益」後，才積極參與的專案。

小橋工業是一家在地化的小製造商，因此「外界知識」很難傳入，面對時代變化的危機感也很薄弱。公司上下對於「就算十年內還能順風順水，三十年後就會走投無路」的情勢變化，無論如何都覺得難以想像。

不過，小橋工業為打破「既往的小橋工業」窠臼所做的諸多創新之舉，在公司內部遭受的反對聲浪沒有預期的強烈。這並不是因為員工對創辦人家族「一心效忠」；也不是董事長登高一呼，員工就習慣乖乖聽話。

真正的關鍵，應該是由於小橋工業在業界一片低迷之中，業績仍能逆勢上揚，並不斷錄用新人，使員工平均年齡維持在相對年輕的三十世代後半，所以公司內部才沒有強烈抗拒改變。

　　再者，小橋工業也盡可能公開透明員工的薪酬待遇，讓員工知道「只要業績和費用有多少改善，公司就能給出什麼水準的待遇」，而不是讓員工認為「待在這家鄉下公司，就是只能領到這一點」。

　　還有，小橋工業過去雖有「越接近公司權力核心的人物，越是對高層意見唯命是從」的問題，但在生產現場，都還保有「由下而上」發動提案、建言，隨時推動業務改善的團隊文化。實際走一趟工廠，還能看到廠內張貼著員工親手製作的各種海報、標語。

　　正次郎認為，既然公司有這樣的基礎，那麼 OKR「讓員工自行決定，親自落實」的理念，應該能順利在公司裡扎根。

　　如今，小橋工業尚在摸索「小橋工業專屬的 OKR」究竟該是什麼樣貌。公司內部正審慎評估適合自家公司的組織，並隨時準備導入。

決定導入 OKR 的「重點」為何？

重點❶ 不只適用新創公司，百年企業也有效

字裡行間透露的，是即使在創立已逾百年的今天，小橋工業仍懷抱著「耙具行」的精神，以製造、生產為傲。

> 提到 OKR，大家往往會認為是專為「新興企業」所打造的人事管理工具，但其實並不盡然。OKR 用在老牌企業上，同樣有效。

重點❷ 就算有反對聲音，也能改變團隊的意識

可是，放眼公司內部，卻彌漫著一股氣氛：「將來的確是有這種問題，但反正現在公司還有獲利，那不就好了嗎？」

> 只要有人打算在組織當中做一些變革，必定會有人跳出來反對。這種時候，OKR 就是可以有效改變團隊、組織成員意識的一套工具。

重點❸ 打造「由下而上」的組織

今後的時代，需要的是不受現有事業框架局限的新創意、新發展。光是純粹由上而下式的組織，無法因應未來的變局。

> OKR 是用來打造「由下而上」組織的一套工具。導入 OKR，能讓企業、組織中的各個階層願意「主動提案，並採取行動」。

重點❹ 讓員工主動設定目標

在生產現場，都還保有「由下而上」發動提案、建言，隨時推動業務改善的團隊文化。實際走一趟工廠，還能看到廠內張貼著員工親手製作的各種海報、標語。

> 一般而言，若是有意願「主動創造」、「主動設定目標」的組織或成員，比較容易導入 OKR。

03

決定導入 OKR 的「常見情況」為何？

常見情況 ❶ 企業改制時導入

> 改制時導入 OKR 的企業，的確不在少數。不過，建議各位不妨先釐清「究竟想改變什麼」後再導入。

常見情況 ❷ 因為「谷歌在用」而導入

> 不是在導入 OKR 之後，每家企業就都能變成谷歌。建議各位不妨先釐清企業組織的課題，並與所有員工達成共識後，再將 OKR 定位為解決課題的一套方法。

常見情況 ❸ 遭受公司內部「保守勢力」反對

　　建議各位不厭其煩地告訴他們：「在今後的時代裡，光是執行上意下達的管理，發展很有限」。這樣做的用意，是要讓保守派勢力認同：由下而上發起的「提案和行為」，是不可或缺的必要元素。

常見情況 ❹ 探索新事業的過程中導入

　　就算導入 OKR，公司也不會因而增加新事業。反之，企業需要把「提報新事業方案」列為公司整體的 OKR，並與整個組織、團隊達成共識。

圖解 OKR 01

讓公司和員工的方向一致

導入 OKR 的目的是什麼？

「團體」和「組織」雖然相似，兩者之間卻有著很大的差異——「團體」代表的只是「聚集」；「組織」成員則有共同的目標，並為達成目標而互助合作。就這層涵義而言，企業是最典型的一種「組織」。不過，在企業中，「為達成共同目標而互助合作」常有機能不彰的問題。

實務上，我想各位應該也曾搞錯目的和方法，或不清楚自己「為了什麼而做？」

一個人尚且會有這種問題，更何況是在集結個性、想法南轅北轍的成員所組成的組織當中，發生些許磨擦、衝突，或許是理所當然。

再者，如果毫無作為，成員對組織的目標絕對不會有共識，甚至會因為各自對目標妄下判斷，而導致每個人的行動和組織目標漸行漸遠。因此，為了讓彼此方向一致，公司必須積極、確實地向員工傳達目標。

更令人頭痛的是，當整個組織對目標沒有共識，組織成員的心態就會趨於保守。因為目標不明確，就會模糊組織成員處理業務的判斷基準，迫使他們屈從往例或規則。在這種環境下，企業絕不可能主動出擊，去挑戰新市場或新事業。

許多企業正是為了避免這種故步自封的狀態才導入 OKR。

企業常見的三大症狀

【症狀①】個人目標紛歧，與公司整體目標也不同調

公司員工所訂立的目標，方向都不一樣

【症狀②】看不出公司、團隊和員工個人有什麼目標，彼此沒有共識

「公司的目標」、「團隊的目標」和「員工個人的目標」成了一個又一個的黑箱

【症狀③】屈從往例或規則，遲遲不見任何新挑戰

以過去的範例或規則為尊，不敢挑戰新市場或新事業

圖解 OKR 02

具體的、可量測、可達成、有期限
認識「目標」必備的要素

　　OKR 的 O，來自於「Objective」的字首。若將 Objective 直譯成中文，就是「目標」。不過，OKR 的 O，是為了讓人了解企業組織、部門、團隊或個人「想朝哪個方向邁進」、「為追求什麼結果而行動」而訂定。此外，「訂定 O」還能激發員工的工作動機。

　　企業一般所謂的「目標」，從「成為上市公司」到「年營收目標●●億日圓」等，內容五花八門；但 OKR 的「O」，則必須於組織的各階層訂定團隊成員共同體認、致力達成的一種「願景」。因此，就如同一般的願景，「O」不見得能以數值呈現（量化）；反而絕大部分的「O」都無法以數值呈現，而以特性、方向（質化）呈現。

　　不過，萬一「O」訂得太過抽象，每位團隊成員對「O」的想像，就很容易出現落差（雖然有些是刻意保留一定程度的詮釋空間）。因此，如右圖所示，訂定「O」時，別忘了加入四大要素：「具體的」、「可量測」、「可達成」、「有期限」。反過來說，正因為加入了這四大要素，才能讓我們更深入思考 O 的內容。

「目標」必備的要素

【症狀①】具體的

改革公司文化

改革成開放的
公司文化

任何人都能看得懂要做什麼

【症狀②】可量測

改革成開放的
公司文化

改革成開放的公司
文化，讓每個人都
能保有自我

任何人都能看得懂要做什麼，
也知道該如何判斷達成狀況

【症狀③】可達成

改革成開放的公司
文化，讓每個人都
能保有自我

改革成開放的公司
文化，讓每個人都
能保有自我的發言空間

任何人都能看得懂要做什麼、該怎
麼做，也知道該如何判斷達成狀況

【症狀④】有期限

改革成開放的公司
文化，讓每個人都能
保有發言空間

8 月底前，要改革成
開放的公司文化，讓
每個人都能保有發言
空間

任何人都能看得懂要做什麼、
該怎麼做，以及何時完成，
也知道該如何判斷達成狀況

圖解 OKR ❸

翻漲 10 倍比提升 10% 容易，怎麼做到？

「射月型」和「攻頂型」

　　要訂定 OKR 的「O」（目標），可分為兩種類型：一種是 100% 不可能達成，但如果能做到，將帶來巨大影響力的高遠目標；另一種則是只要努力就有可能達成的務實目標。

　　前者是力道足以撼動月球的驚天一擊，因此稱為「射月」（Moonshot）。過去，「那簡直就是射月」其實帶有否定的意味，意指「有人想做那些根本不可能的傻事」；時至今日，這個詞彙幾乎都帶著肯定的意涵，表示「在追求創新之際不可或缺的元素」。而另一種目標，則稱為「攻頂」（roofshot），因為它是可達屋頂的一擊。

　　在 OKR 的運用上，通常這兩種目標都會擬訂，但相對而言，前者的「射月型」更受重視。畢竟所謂的「射月」，蘊涵著「前所未有的新事物」誕生的可能。換言之，「射月型」的目標可望帶來「催生出根本性的解決方案」、「成為賽局改變者」、「培養出組織的凝聚力」等好處。

　　設定「射月型」和「攻頂型」目標時，須特別留意：若要求團隊成員必須 100% 達成射月型目標，恐將重挫員工的工作動機；相對地，如果攻頂型目標設定得太低，會讓團隊和組織成員的表現大打折扣。因此，分寸拿捏是否得宜，顯得格外重要。

「射月型」和「攻頂型」

射月型

攻頂型

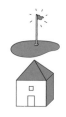

「足以射月的一擊」
設定很高難度的挑戰目標。
只要達到約 70% 就算成功

「可達屋頂的一擊」
有點難度，但勉強可達成的目標
設定。若 100% 達成就算成功，
低於 100% 就是失敗

射月型目標可望帶來的效果

❶ 催生出根本性的解決方案

❷ 成為賽局改變者

❸ 培養出組織的凝聚力

❹ 不容易混水摸魚

直接用鍋子
吃不太好喔！

咻嚕咻嚕……

圖解 OKR 04

用 O 標定方向，以 KR 設定狀態

了解「O」與「KR」的關係

在企業組織中的每個階層都要訂定 OKR。以「O」而言，公司、部門、團隊、員工都要分別訂定出「想做什麼？要朝何處邁進」。公司既然有「使命」的長期目標，那麼訂在一定期間內要達成的「O」，或許可說是達成使命的步驟。

另一方面，KR 則是用具體的指標（數值），來呈現既定的 O 達成時，可展現的狀態。它可幫助我們思考「該採取哪些行動，才能達到想要的數值」。

「O」和「KR」的關係，有時容易流於模糊，但在運用 OKR 時，必須明確地區分清楚才行。「O」是我們該走的方向，稍微空泛也無妨；而「KR」則是要用具體的數字，來訂定出一個具體的目標狀態。

換句話說，O 是要讓我們對自己攀爬的「高山」有概念，而 KR 則是確認進度狀態的里程碑。此外，在運用 OKR 時，我們還會「回顧」（確認）KR 的達成狀況。確認達成進度時，量化與否也是一個相當重要的關鍵。

請各位在一個 O 之下，多設定幾個 KR（多半是 2 到 3 個），因為 KR 太少會妨礙我們在行動上的自由度，過多則會分散我們落實 KR 的力道。

目標（O）與關鍵成果（KR）的關係（概念）

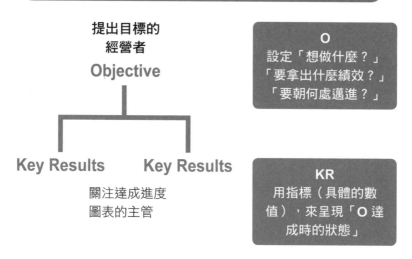

目標（O）與關鍵成果（KR）的關係（例）

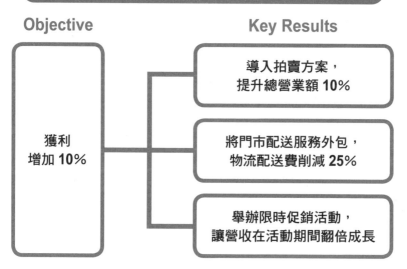

圖解 OKR 05

兩種機制：衡量實績、驅策組織

KPI 與 OKR 的差異

　　「KPI」是一套代表性的人才管理法，很久之前就有許多日本企業導入。KPI 通常會以半年或一年為單位，為企業、組織的成員設訂目標，並以個人或團隊為單位，隨時掌握目標的達成狀況。

　　就「目標設定」和「檢視達成狀況」而言，KPI 和 OKR 是相同的，所以可能有些人會混淆這兩個概念。然而，它們其實是兩套大異其趣的方案。最大的差異在於「目的」不同。KPI 最主要的目的，是透過衡量、掌握目標的達成狀況，來管理人員；而 OKR 的目的，則是要讓每位團隊成員主動設定目標，採取具體行動，以協助組織或團隊達成目標。

　　KPI 制度，通常都要擬訂可量化的目標。此外，這些目標都必須 100％ 達成，因此要設定的是「攻頂型」而非「射月型」。先設定目標，以便用來管理員工的行動 —— 這就是 KPI 的思維。而在指揮系統的概念上，KPI 屬於「由上往下型」，OKR 則是「由下往上型」。

　　就人才管理法而言，KPI 和 OKR 沒有孰優孰劣，端看各企業組織所追求的方向，或商業活動的型態而定，有時 KPI 甚至會比 OKR 更合適。

OKR 與 KPI 的差異

OKR	KPI

<table>
<tr><td rowspan="2" style="writing-mode: vertical">概念</td><td></td><td></td></tr>
<tr><td>提示目標方向，
促進自主行動</td><td>衡量、掌握目標的
達成狀況</td></tr>
</table>

量化測定	可	可
目的	設定終點，檢核目標達成進度，回顧行動結果	衡量表現，做一些達到目標所需要的設定，要求員工依 KPI 行動
難度	高（理想是希望達到約 70％的水準）	不高（理想是希望達到 100％的水準）
追求的目標	更廣泛的願景、變化	現有商業活動的發展、改善

圖解 OKR 06

兩種機制：衡量個人表現、驅策個人進度

MBO 與 OKR 的差異

　　MBO 是「目標管理」（Management By Objective）的簡稱，最早由現代管理學之父彼得‧杜拉克（Peter F. Drucker）於 1954 年在他的著作中所提出的人才管理法。MBO 會以每季或每半年所訂定的目標及其達成狀況，來考核人員的表現。

　　OKR 和 MBO 都有「Objective」，也都會和個人及組織的目標串聯，但這兩種管理法在目的和想追求的境界上，卻大相逕庭。

　　執行 OKR 的目的，在於釐清願景、活化組織團隊，進而引導團隊成員對目標和關鍵成果做出承諾；而推動 MBO 的首要目的，則是進行目標管理和人事考核。因此，縱然這兩種管理手法都有「O」，但訂定出來的目標內容，卻是天差地遠。

　　OKR 多半會訂質化目標來當作「O」；相對地，MBO 多半會訂量化目標來當作「O」（亦可視情況選擇質化目標）。

　　此外，目標必須在預設的期限（通常是一年或半年）內 100％ 達成。OKR 通常與全體員工取得共識，而 MBO 僅會向當事人、主管和人事部門的承辦人員揭露相關內容。在某種意義上，MBO 要追求的，是以組織來管理個人目標，並將其結果連結人事考核，以確保考核的公平性。

OKR 與 MBO 的差異

	OKR	**MBO**
概念	 公司與員工個人目標一致	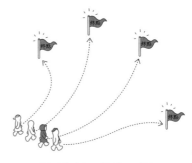 公司與員工個人目標 不見得要一致
量化測定	可	可（含質化考核）
目的	設定終點 績效發展 檢核目標達成進度 回顧行動結果	衡量表現，做一些達到 目標所需要的設定，要 求員工依 KPI 行動
考核循環	每季一次	每年／半年一次
難度	高（理想是希望達到約 70％的水準）	不高（理想是希望達到 100％的水準）
共識度	在全公司都可看到	只在當事人、人資和 主管之間建立共識
追求的目標	更廣泛的願景、變化	個人的目標管理與組織 內部的人事考核

專欄 1

為什麼 OKR 有助於發展「由下而上」的管理？

　　導入 OKR，就意味著想跳脫「傳統日本企業」的做法，因為企業組織會從型式上的由下而上管理，轉變為真正的由下而上管理。或許有些人會反駁：「日本企業本來就是由下而上的管理，我們很常接納基層的意見。」

　　不過，就我個人的觀察，傳統大企業絕大多數都還是由上而下式的管理。舉例來說，「改善」是日本企業自豪的看家本領，但不論改善提案的數量多寡，改善的範圍總不脫高層的指示。

　　在導入 OKR 的企業中，高層沒考慮到的創思妙想，也就是所謂的射月型目標，會由下而上提報出來。而這種運作機制，能幫助企業推動創新。

　　為什麼會有上述這種差異呢？

　　我認為原因在於，OKR 所創造的，是真正由下而上式的管理。以谷歌為例，即使是剛出社會一、兩年的資淺員工，也能向公司提報自己想做的專案，高層也很鼓勵這種做法。這在谷歌，是很理所當然的事。

　　主動請纓的人要自己決定專案推動的程序，整頓團隊，並落實執行。遇到課題時，要自行思考解決方案，必要時還得把周遭的人拖下水來貢獻心力。歷經這一連串的過程，很多員工都會培養出一身貨真價實的管理能力。

　　日本人向來被認為是集體主義的信徒，但實際上卻不擅長「把別人拖下水」。日本人覺得既然自己「不是老闆」，工作起來難免顯得事不關己。而改變企業裡的這種風氣，正是企業導入 OKR 的意義所在。

第 2 章

如何成功導入
OKR ？

喚回高成長企業的「凝聚力」

【案例企業】赫米（https://hamee.co.jp/）

從零開始推動 OKR

2018 年春天，赫米（Hamee）股份有限公司為了公司各階層主管舉辦了一場兩天一夜的教育訓練，以推動 OKR 的各項具體措施。

赫米內部提出「為了讓公司更趨近我們理想的樣貌，OKR 應該會是一套有效的方法。我們就試著導入看看」的想法後，便開啟了這一場挑戰。

然而，當初公司幾乎沒人知道 OKR。因此，舉辦教育訓練最大的目的，就是要讓所有主管了解 OKR。

在這場教育訓練，除了深化所有主管對 OKR 的理解，主管們也針對 OKR 的機制內容與運用方法展開了「自習」，各自熟讀當時克里斯蒂娜・沃特克（Christina Wodtke）剛出版的作品

《OKR 工作法》（*Radical Focus*）後，在不斷嘗試的過程中，逐步營造出導入 OKR 的基礎。

赫米選擇導入 OKR 的起因於公司的快速成長。面對橫跨眾多領域的事業版圖和激增的員工人數，讓人很難掌握每個部門的想法和工作內容；就連公司發展的方向性，全體員工恐怕都不見得有共識──越來越多員工懷抱這樣的隱憂。

了解彼此的工作內容，建立共識

赫米於 1998 年創立之初，是一家名叫馬可維（Macrowill）的公司，主要業務是生產、銷售行動電話等裝置用的吊飾。2001 年 12 月時，更名為斯翠雅（Strapya），並於 2006 年 5 月更名為斯翠雅內斯特（StrapyaNext），直到 2013 年才改為「赫米」。而銷售的商品也從智慧型手機保護殼，擴展到保護套和周邊配件等。

此外，除了既有的銷售通路，赫米也開設自營的網路商店，以便直接將商品銷售給使用者，甚至還將這整套網購系統當作商品來銷售。如今電商網站架設應用程式的銷售、輔導事業，也是赫米積極扶植的重點事業。

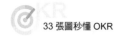

赫米的兩大事業主軸：配件（周邊商品）和程式系統，發展蒸蒸日上，公司的規模也快速擴張。

光是在日本國內，員工人數已突破 200 人。人力結構則由商品銷售、系統、內勤管理各約占三分之一。

不過，隨著事業內容的擴張，員工已看不清其他部門的動靜。公司希望能回到創業之初，組織規模小而美的時代，每位員工都能了解彼此的工作內容，對彼此的目標有共識。因此選擇了 OKR，做為他們找回初衷的方法。

透過主管會議再次確認目標

為了確認公司的發展方向，赫米公司召開主管會議，針對「理想的企業樣貌」，蒐集了內部主管的意見。接著又將主管分組，討論大家心目中「氣勢如虹」的公司，並加以排名。結果每一組的排名，谷歌都名列前茅。

不論是業務內容或公司規模，赫米都和谷歌大不相同，因此不能只是一味地模仿。

不過，如果此舉釐清了以往大家心目中那個模糊茫然的「理想公司樣貌」，企業當然會想把這些理想公司的優點帶進

自家公司，而其中又以「OKR」和「一對一面談」（one on one）這兩項元素最受眾人關注，於是促成了以主管為對象的「OKR 教育訓練」。

導入 OKR 初期最讓眾人感到困惑的，就是它和 MBO 或 KPI 這些傳統管理法的差異。

過去，赫米公司採用的考核制度，原則上都直接連結薪酬，而 OKR 卻不見得一定要與考核、薪酬連結。那麼這一套「不與薪酬連結的考核制度」究竟該如何運用？

赫米參考外部專家的意見，決定以「不更動 MBO 和 OKR 的目標，且 OKR 的考核不與薪酬連動」的方式來運用 OKR。他們在公司內部多方評估，處理員工對 OKR 的疑問，建構出「適合自己的 OKR」、「赫米專屬的 OKR」。

不心急，也不躁進，從嘗試錯誤中修正

就這樣，赫米的 OKR 導入專案，在 2018 年度正式啟動。

赫米的執行董事兼未來創造部協理豐田佳生指出，OKR 導入迄今已過了十個月，員工在細節部分仍有許多「不知如何是好」的迷惘。

　　舉例來說，通常大家會認為擔負業績的部門，要擬訂數值目標很容易，考核也很簡單。可是，在導入 OKR 後，會有什麼改變？

　　假設這個 OKR 的設定是「今年業績要達到 100 億日圓」，但那部門經營計畫上的目標則是 70 億。如果該年度業績是 80 億，那麼應該以超出 70 億的目標來考核，還是以「未達到 100 億日圓」來評價呢？諸如此類的問題一一浮現。

　　此外，赫米在導入 OKR 初期，從「學習→了解→設定公司 OKR →設定部門 OKR →設定個人 OKR」為止，花了半年的時間。雖說在導入的過程中，員工「還在一邊了解 OKR」，但半年或許還是太久了一點。赫米的 OKR 導入專案可說是還在「嘗試錯誤的階段」。

　　不過，豐田執董表示：「現階段我們不心急，也不躁進。」

　　「在我們參考的 OKR 書籍當中也提到，**OKR 不會在初次導入就順利運作，反而都會先失敗。我們應要有心理準備，初期有這些狀況都無妨。**」

　　原來嘗試錯誤的摸索，已在他們的規劃之內。

制定 OKR 會面臨的課題

赫米初期先訂定了一年期的 OKR，但在進行半年後才發現，當初應該設定更短期的 OKR 才對。就其他企業的前例來看，也是以「季」為單位設定的 OKR 居多。

赫米原先認為一季太匆忙，所以才設定以一年為期，結果因設定目標時的前提生變，而導致與現況不符的情況頻傳。會建議以季為單位設定 OKR，其實不是沒有道理的。

現階段還有一個尚嫌不足的地方，那就是員工和各部門所設定的 KR，缺乏檢核的機制。若無法確保這個 KR 恰如其分，那麼即使員工或部門的 KR 達成，也無法幫助公司達成 KR。

赫米公司第一年的「O」，是「打造受人喜愛的赫米」。而「KR」則是「至 2019 年 3 月底前，粉絲人數成長 300％」。至於「粉絲」指的究竟是誰，當然會因部門而異。

商品銷售部門的粉絲，是那些購買手機保護殼的末端消費者；系統開發部門的粉絲，是那些使用電商系統的企業用戶；對經營團隊而言，股東應該也算是粉絲的一種。

「粉絲」有各種不同的型態，如果每一種都能成長 300％，那當然最好，可惜事情沒有這麼簡單。

那麼，會不會演變成「這些衝到 400％，不過這些只有 200％，那就取中間值，當作 300％達成吧」？據說目前還沒有答案。

建立可視化的機制，讓目標自然看得到

導入 OKR 後，赫米的全體員工再次深切地感受到公司業務可視化的必要性。因為要知道隔壁同事、隔壁部門的工作內容和 OKR，才有辦法為自己或自家部門擬訂合適的 OKR。

儘管赫米在公司內部的入口網站上，導入了一套可供隨時確認每位員工和各部門 OKR 的機制，但還需要多花心思調整，才能讓它更便於瀏覽。

畢竟導入 OKR 制度後，要管理的目標數量大增，所以最好是「自然看得到」目標的機制，而不是還要員工「專程去查看」。

目前，在赫米公司內部，的確有些不滿的聲音出現，認為 OKR 增加了員工在目標管理上的負擔。這應該也是因為 OKR 尚未在赫米扎根的緣故。

未來全面運用 OKR 進行管理之後，這樣的不滿聲浪會如

何發展，的確令人憂心。尤其是現在 OKR 的期間縮短、改以「季」為單位訂定，要花更多心力來管理。

不過，基層也出現了一些變化。在擬訂 OKR 之際，赫米的各個部門分別舉辦了教育訓練，或召開相關會議。

有越來越多員工願意主動思考「我們部門的粉絲是誰？」「我們每一個人能做些什麼，來協助部門達成目標？」這不僅增加了員工彼此溝通的機會，也為「誕生前所未有的新想法」奠定基礎。

05

導入 OKR 的「重點」為何？

重點① 舉辦教育訓練

公司裡，幾乎沒人知道 OKR。因此，舉辦教育訓練最大的目的，就是要讓所有主管了解導入 OKR 的相關措施。

> 導入 OKR 時，企業通常會邀集經營幹部和公司主管舉辦教育訓練，以加強他們對於「OKR 是什麼」、「導入 OKR 有什麼意義」的理解。

重點② 讓全體員工目標一致

就連公司發展的方向性，全體員工恐怕都不見得有相同的共識 —— 越來越多員工懷抱這樣的隱憂。

> 企業快速成長時，在溝通上一定會出現衝突或歧見。多樣化固然重要，但如果公司員工缺乏共通的目標，便很難期待他們有發揮水準的表現。

重點 ❸ 明白初衷，彈性運用

赫米參考外部專家的意見，決定以「不更動 MBO 和 OKR 的目標，且 OKR 的考核不與薪酬連動」的方式來運用 OKR。

這個部分的確很容易引發誤解。MBO 與 OKR 雙管齊下時，可以「不與人事考核連動」的方式導入 OKR。畢竟最重要的，還是企業「想用 OKR 做什麼」。

重點 ❹ 多方嘗試，不畏失敗

OKR 不會在初次導入就順利運作，反而都會先失敗。我們應要有心理準備，初期有這些狀況都無妨。

實際上，導入 OKR 絕不會一舉成功。只能不斷地嘗試錯誤，隨時修正，並從中找出適合自家企業、組織的運用方法。

導入 OKR 的「常見情況」為何？

常見情況❶ 不回報進度

> 應事先明訂 OKR 的填寫表單和填寫日期、時間，並由主管及高層親自檢核填寫進度。如有員工未在期限內完成，請務必再次提醒該名員工盡速填寫。

常見情況❷ 團隊 OKR 缺乏挑戰性

> 建議可在 OKR 表單上加入「為什麼你覺得它有挑戰性？」的欄位。如果還是看不到向上挑戰的目標，就由高層親自介入指導。

常見情況❸ 團隊 OKR 與公司 OKR 不相關

建議可在 OKR 表單上加入「為什麼你覺得現在該做這件事？」的欄位。在思考 OKR 訂定原因的過程中，讓員工意識到公司 OKR 的存在。

常見情況❹ 設定多項 OKR，卻沒有重點

建議可設定 OKR 的數量上限。一般而言，設定有一定期限的 OKR 時，以 1 至 2 項效果最好。

圖解 OKR 07

OKR 導入的重點與流程

如何導入 OKR ？

隨著企業組織日趨龐大化、複雜化，「使命為何？」「目標為何？」等組織的「核心」，往往容易變得模糊。

要釐清組織的方向，一致化員工的行動，提振員工的工作動機，OKR 著實是一套卓越的管理法。

不過，導入 OKR 之際，有許多需要留意的地方，所以對它一無所知的人，當然無法妥善設定。

第一個重點，是要營造「適合導入 OKR」的組織氣氛。因此，企業必須按照順序做好準備。換言之，企業組織要先重新訂定目標，並與全體成員達成共識，再由整個團隊共同思考能為實現目標做出什麼貢獻。最後由團隊主管向成員宣布要如何為所屬的企業組織貢獻己力，並將 OKR 定位為協助團隊落實這些行動的方法。

具體執行方法會因組織規劃大小或型態而有所不同，但要節奏明快地導入 OKR，需要按部就班，掌握重點 —— 這是任何組織都適用的通則。

另外，在營造氣氛時，經營團隊的承諾絕不可少。再者，企業裡還需要一位帶領大家導入 OKR 的領頭羊，說明導入後可望帶來的效果、釐清導入的方法，以及安排 OKR 設定的訓練課程等。

OKR 導入的流程（例）

3 週前
• 訂定企業組織的目標，並與全體員工達成共識

「我們公司就朝這個目標前進！」

2 週前
• 在團隊中討論如何達成組織目標

「該怎麼做才能順利達陣？」

1 週前
• 由主管向全體成員說明本團隊能如何為所屬的企業組織貢獻己力

「我們團隊就依這項政策來執行！」

幾天前
• 員工大會：讓全體員工的 OKR 可視化，封關定案

OKR 導入的重點

❶ 取得高層的支持

❷ 讓企業組織內部確實了解導入的優點

❸ 釐清導入的切入點

❹ 任命協助導入的領頭羊

❺ 安排 OKR 設定的訓練課程

❻ 維持 OKR 管理流程的簡便性

加油！

請帶領大家！

圖解 OKR 08

由上而下依序分層設定
各階層 OKR，相互協調整合

　　談到導入 OKR 的目的，每家企業都會提出這一點：讓隸屬於企業組織的每位成員，都能和公司朝著同方向邁進。

　　然而，公司不是每一個人都負責相同的工作。研發部門負責研發，業務部門負責業務，管理部門負責管理工作；隸屬於不同部門的員工，每個人負責的工作內容都不同。因此，就算下令大家「和公司朝著同一個方向邁進」，要設定出合宜的 OKR，也絕非易事。

　　團隊在設定 OKR 時，需要和所屬部門、團隊成員，甚至是和同一階層的團隊相互協調整合。因此，公司整體的大目標，和各部門、團隊及員工個人的目標能否形成有機式的連結，且彼此互不衝突、矛盾，是 OKR 設定上很重要的關鍵。

　　OKR 設定的流程，通常是先擬訂出能夠達成公司 OKR 的團隊 OKR，再向下分配每位團隊成員的 OKR。

　　不過，這樣的設定流程，不只是單純的由上而下發號施令。每項 OKR 提出後，都須視上、下或同階層的回饋狀況，予以適度調整。也因為這樣，相互之間的協調整合更顯得重要。

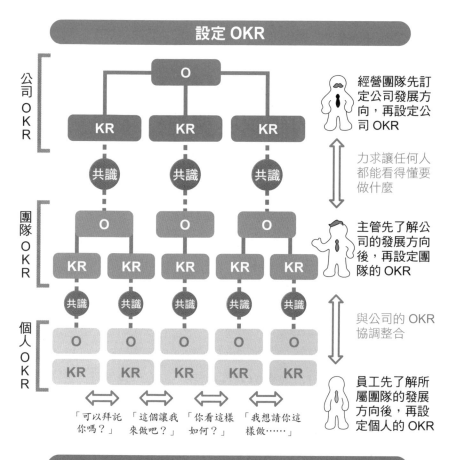

設定 OKR

公司 OKR — 經營團隊先訂定公司發展方向，再設定公司 OKR

力求讓任何人都能看得懂要做什麼

團隊 OKR — 主管先了解公司的發展方向後，再設定團隊的 OKR

與公司的 OKR 協調整合

個人 OKR — 員工先了解所屬團隊的發展方向後，再設定個人的 OKR

「可以拜託你嗎？」 「這個讓我來做吧？」 「你看這樣如何？」 「我想請你這樣做⋯⋯」

設定 OKR 的注意事項

❶ 取得高層的支持

❷ 視情況提供回饋，或提供達成 KR 所需的協助

❸ 團隊之間也需要就 OKR 進行協調整合

❹ 由團隊主管和團隊成員負責進行團隊和個人之間的 OKR 協調整合（如為兩人組成的團隊，則由團隊主管裁決）

圖解 OKR ⑨

達成率只有 70%～ 80%也足夠

OKR 設定的確認與調整

　　OKR 能否順利運作，最重要的關鍵在於「是否確實擬妥 OKR」。那麼，究竟怎樣才算是確實擬妥的 OKR 呢？

　　一般而言，「**O 要設定質化的內容，KR 要設定量化的內容**」，也就是說，O 是用來訂定出前進的方向，而 KR 則是將 O 達成的狀態化為數值來呈現的「里程碑」。因此，就會是「我們以『O』為目標，而要達到這個目標，必須實現『KR』的狀態」。

　　確認 OKR 時，一定要檢視 O 和 KR 的關係是否清楚易懂。O 必須具備四大要素：「具體的」、「可量測」、「可達成」、「有期限」，是因為要讓它與 KR 的關係更明確。

　　此外，在擬定射月型目標的 KR 時，更要留意──射月型目標畢竟是「幾乎不可能實現」的事，所以達成率只有約七成也無妨。正因如此，如果我們在射月型的 O 之下，設定了和登頂型目標相同的 KR，那麼 KR 要求的數值就會過高，打擊團隊成員達成的動機。

　　此外，射月型目標的 O，有時容易淪為模糊、虛無縹緲的口號。為了讓所有相關人員都能對目標有共同的認知，建議各位還可以再加上「在哪一個事項上，要朝什麼樣的成果邁進」的具體案例，以輔助說明。

好的 OKR 範例

Objective
門市家數增加 20％

「該怎麼做才
能成功達陣？」

「該怎麼做才
能成功達陣？」

Key result
3 月底前，確定 40
家加盟店候選名單

Key result
12 月底前，新開
20 家門市

不好的 OKR 範例

Objective
增加門市家數

「該怎麼做才
能成功達陣？」

「該怎麼做才
能成功達陣？」

Key result
挑出加盟店
的後選名單

Key result
新開 100 家門市

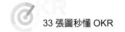

圖解 OKR ⑩

善用進度管理工具

運作 OKR 須安排的進度表

　　目標如果不設定期限，就不會有人願意起步朝目標邁進。在 OKR 當中，也會說「在○○之前要達到△△這個目標，而要達到這個目標，就必須實現 ×× 的狀態」，因此在設定 OKR 時，要明訂出在某一個期間內的目標和應達到的狀態。

　　OKR 通常會以季為單位來設定。這是為了要保持 O 和 KR 的「鮮度」，以免團隊成員的達成動機低落。

　　此外，一般都認為 OKR 有助於在不斷變化的大環境當中，打造出勇於挑戰新事物的組織。既然 OKR 要發揮這樣的功能，當然就必須在期間內微幅調整。在更動 OKR 時，最好忽略原本設定的期限，徹底重新審視 OKR。

　　在實際運用上，我們必須妥善管理「OKR 設定」的期程。例如 OKR 雖以季為單位設定，但從公司的 OKR 擬訂，到個人的 OKR 定案卻要花兩個月的時間，那麼全公司恐怕只能花一個月時間來達成 KR。

　　另外，**OKR 設定的循環，不見得一定要是每季一次。**建議各位可依公司、部門或團隊的業務性質、型態，適時調整。不過，在調整 OKR 設定的期間時，也要留意別讓 OKR 逾期。

OKR 進度設定上的注意事項

公司的 OKR	事業環境變化	組織政策更動	組織體制更動
第 1 季	第 2 季	第 3 季	第 4 季

| 4月 | 5月 | 6月 | 7月 | 8月 | 9月 | 10月 | 11月 | 12月 | 1月 | 2月 | 3月 |

| 第 1 季 OKR | 第 2 季 OKR | 第 3 季 OKR | 第 4 季 OKR |

基本上每季都要隨著組織政策或事業環境的變化，重新調整 OKR

運用 OKR 的進度表（範例：普羅諾伊亞集團）

3 月中旬	與經營團隊的核心成員協調出公司下一季的政策方向，揭示主題： 1. 打造讓每位員工都能成就自我實現的企業文化 2. 創造出新浪潮 3. 呈現出普羅諾伊亞獨有的影響力
3 月中旬～下旬	根據公司主題，設定團隊的 OKR
3 月下旬	在團隊內實施一對一面談，讓員工依團隊 KR 設定個人 O，並擬訂個人 KR，確保想進行的事項有助於達成 O
4 月初	每季之初開始執行新的 OKR

每 3 個月設定一次公司、團隊和員工個人的 KR，相互協調整合，建立彼此的共識

69

圖解 OKR ⑪

可視化是成功運用的關鍵

導入讓 OKR 可視化、共識化的機制

　　OKR 不是設定一次後，就能自然與全體員工達成共識、讓團隊成員自動自發努力。光是擬訂出一份 OKR，很多時候往往無法深植員工心中，或是連它的定義也會逐漸模糊。

　　即使員工認為自己是根據 OKR 行動，對 OKR 的解讀其實是偏頗的。再者，如果商業環境改變，顧客的需求也會隨之變動，如此一來，OKR 就勢必要進行調整。

　　為避免前述狀況發生，在導入 OKR 之際，要建立一套機制，讓組織內隨時都能掌握、檢核所有 OKR，讓員工在執行日常業務的過程中，隨時都能回顧、反覆確認 OKR 的內容。

　　不僅是個人所屬團隊或部門的 OKR，至少還要包括相關部門、團隊和團隊成員的 OKR，最好是一套能輕鬆確認全公司所有 OKR 的機制。

　　它不僅能幫助員工更了解「自己在業務上該追求什麼」，當相關單位、個人修改 OKR，連帶著自己也需要修改 OKR 時，也很能派上用場。

　　OKR 可視化、共識化，可分為線上機制和線下機制。如右圖所示建議各位依公司、組織或團隊的實際狀況，選擇較佳的方式，或搭配使用。

OKR 可視化、共識化的方法（範例：普羅諾伊亞集團）

圖像來源：Motify.work 所提供的 OKR 管理系統

市面上有多種可因應「OKR 可視化、共識化」所需的系統解決方案

OKR 可視化、共識化的注意事項

❶ 可視化、共識化的工具有線上和線下兩種選項

❷ 就可視化、共識化的層面而言，線上型會比線下型更即時，
布達共識的範圍更廣

❸ 相對地，線下型工具的導入和運用說明較不費力，可縮短啟
用前的準備時間

❹ 可視化、共識化的工具有線上和線下兩種選項

專欄 2

設定 OKR 時的「陷阱」

在 OKR 導入之初,最常見的「陷阱」就是「不知道 OKR 該設多大」。有些人因為換工作,而跳槽到已導入 OKR 的企業,這些人等於是第一次接觸 OKR,也會面臨同樣的問題。還有那些尚未培養出明確專業的新鮮人,會因為不知道「該如何為公司做出貢獻」,而導致他們擬訂出來的目標顯得比較模糊。

舉例來說,設定「改變世界」這種過於遠大、飄渺的射月型目標,就很讓人不知如何是好。「世界」指的究竟是什麼?所謂的「改變」又是打算怎麼改?缺乏具體內容的目標,日後根本無從回顧。

如果只是打算「總之先放個大廣告球來試試反應」,此舉毫無意義。因為設定 OKR 時,目標一定要具體,要有影響力,且要能連結公司的商業活動。

普羅諾伊亞集團也不例外。過往不曾經歷過 OKR 洗禮的人,進到公司後,同樣會對 OKR 的設定感到困惑 —— 雖然他們都接到「設定目標」的指示,卻不明白什麼樣的目標才合適。

因此,在普羅諾伊亞集團,會請這些新進員工在員工大會「普羅諾伊亞人會議」上,聽聽其他同事發表 OKR,讓他們先約略掌握 OKR 設定的規模大小後,再透過一對一面談等方法,巧妙地引導他們進入狀況。透過陪伴他們一同思考如何設定 OKR,協助員工慢慢地學會自行擬訂 OKR。

第 3 章

如何無礙運用 OKR ？

讓全體員工達成企業使命感的共識

【案例企業】桑桑（https://jp.corp-sansan.com/）

好制度值得一試

掃瞄一下名片，就能輕鬆把名片上的資料數據化，並與全公司共享人力資源 —— 以「桑桑」為主業來發展商務的桑桑（Sansan）股份有限公司，就是提供專為法人公司量身打造雲端名片的管理服務。

電視廣告中的經典金句「你早說嘛 —— 」*讓人印象深刻。「桑桑」這家公司名稱，據說是取自日文中用來稱呼人的「……桑」。

「名片」是商務人士「在商場上相逢結緣的卡片」，而將一張張名片化為資料庫，並加以靈活運用的概念，清楚反映在

---

* 日本企業桑桑的著名系列廣告。

桑桑的公司名稱上。

桑桑在 2015 年導入 OKR。決定導入的契機，是因為他們聽說谷歌用了這一套方法，成效斐然。

桑桑的態度，是「只要有不錯的制度就先試試看」，所以「除非無法倒帶重來，否則都會去嘗試」。**試過如果成效不錯，那就是美事一樁；如果成效不彰，那就立刻喊停。如此靈活敏捷的風氣，是桑桑得以搶先導入 OKR 的關鍵背景。**

不過，桑桑導入 OKR 的原因，還不只是如此。桑桑的執行董事人資長大間祐太表示：「當初我就有個直覺，覺得 OKR 這一套機制很適合桑桑。」

個人目標與企業使命環環相扣

桑桑公司非常重視企業使命，也就是所謂的「使命導向企業」。桑桑的企業使命是「用相逢結緣來改變全球的商業情境」，至於「要如何改變」，則是隨時都在求新求變。例如 2018 年 11 月之前，桑桑認為要「將商業上的相逢變作資產，改革工作型態」；到了 12 月之後，又改成了「從相逢中催生出創新」。

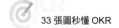

一再重複訴說這個使命，直到旁人覺得「有點古怪」，才是桑桑這家公司的風格。因此，桑桑有個「SI 會議」的朝會，扮演了相當重要的角色，原則上全體員工都得參與。

即使桑桑現今已大幅成長，還是每兩週就會召開一次 SI 會議，由經營團隊向全體員工發布訊息。

尤其是針對「本季公司目標」（公司 OKR），桑桑的經營團隊會以「為什麼現階段要做這件事，才能落實公司使命」的角度，說明目標與公司使命之間的連結。為了讓員工都能聽見經營團隊想表達的訊息，桑桑可說是付出了莫大的努力。

桑桑也因為組織日漸擴大，開始出現了一些問題──在高度重視「生產力提升」的桑桑，會為員工設定許多量化的目標。但看在員工眼中，卻很難理解這些量化目標擬訂的原由，例如不明白「內勤業務員的目標為什麼會是這個數字」等。

就某種意義上，隨著企業組織日漸龐大，「員工看不到自己的工作究竟能有什麼貢獻」這件事，是必然會面對的問題。

桑桑導入 OKR 時，正好就面臨了這樣的難題。或許也就因為這樣，OKR 這一套方法，才能與桑桑一拍即合。

桑桑人資長表示：「所謂的 OKR，其實是一套工具，讓每一位員工都能切身感受到自己的工作與企業使命緊密相連。」

在 OKR 機制，企業組織要先標舉出整體的大目標，再細分到各部門，最後拆解成個人的目標。

企業組織的各個階層中，目標都是以樹狀結構擬訂，因此大家都能看出基層的「小目標」和公司的「大目標」之間存在的連結。

要選 MBO，還是 OKR？

桑桑的態度是「除非無法倒帶重來，否則只要公司內部認為值得一試的事，都會去嘗試」。

在人事制度方面，桑桑過去也常以「試試看」的態度，做一些最小限度的嘗試；然而，就 OKR 這套制度來說，起初雖然設下了「總之先做半年」的設限，卻大膽地全公司同步執行——因為他們認為這樣做才能看得到導入 OKR 的效果。

然而，企業組織和制度之間，會有調性的問題。除了要考量制度在企業文化中會不會出現「調性不合」的狀況，即使是在同一家企業中，業務、研發和管理等部門之間，想必也會有或多或少的差異。在桑桑導入 OKR 之初，難道都不曾有過任何遲疑嗎？

以結論而言，桑桑人資長表示：「桑桑究竟比較適合
OKR，還是 MBO，這一點我們其實沒有考慮太多。」這或許
是因為桑桑原本對 OKR 的想法，就是希望它能「讓大家看得
見每個部門裡的每個人做的事，最終會連結到哪裡」的緣故。
單就「基層的『小目標』如何連結到公司『大目標』」而言，
「公司與 OKR 的調性合不合」，不是太大的問題。

當企業組織的規模小，任誰都能明白，看得出個別員工的
目標如何連結到公司整體的目標時，用 MBO 應該也不會有調
性合不合的問題。

桑桑人資長說：「MBO 算是把各部門的目標大致切開，以
『達成目標』為目的，並未明確地呈現出這些目標連結到什麼
結果。相對地，OKR 則是要先明確地呈現『目的為何』，這個
動作所帶來的效果很可觀。」對決定導入 OKR 時的桑桑而言，
重要的其實是後者。

使命必達，不只是絕對可以達成

OKR 完整連動桑桑的人事考核和薪酬制度。桑桑人資長
說：「這和 OKR 原本的樣貌，確實有些許不同。」

　　最大的差異在於 OKR 通常是以「訂定難以達成的挑戰目標」為前提，但桑桑在導入 OKR 之前，就有著根深柢固的「使命必達文化」。原本以量化方式設定出來的 KR，到了桑桑，變成了「必達目標」。可是，這些目標並沒有因而被限縮在「絕對可以達成」的水準。「使命必達」便是桑桑的態度。

　　會做這種調整，想必是桑桑所標舉的企業使命，本來就是極高水準的緣故。因此，若要在公司內各階層設定出足以達成企業使命的目標，當然就會是很具挑戰性的 OKR。

　　在這種背景下，如果主管無法將「為什麼必須達成這樣的目標」進行妥善的說明，那就只會累垮基層同仁而已。用「不明白也沒關係，總之給我做就對了」來要求員工，是行不通的。要讓公司員工了解、進而對自己所扮演的角色萌生自覺，然後自發地行動。

　　此外，「**如果眼前這一套方法行不通，那就自己擬出一套行得通的方法，去追求突破**」的心態，同樣不可或缺。而 OKR 就是能讓員工主動、自律，勇於嘗試解決問題的機制。

考核以「論功行賞」為基礎

桑桑的公司 OKR，每季都會由董事長寺田親弘親自在 SI 會議上宣布，大致上會是「前一季的 KR 達成率為○○，下一季的公司 OKR 是……」之類的內容。

擬訂公司 OKR 的過程中，董事、協理都會與寺田一對一進行討論，因此各部門的目標都會連結到公司 OKR。各部門的 OKR 也會以樹狀結構向下發展，化為下一階層各單位的目標。

不過，要將公司 OKR 分拆成基層的目標，需要花相當多的時間。因此，原本桑桑在導入 OKR 之初，還會請員工設定個人的 OKR，但目前已經廢止了這項措施——如果每位員工都要訂定個人 OKR，最長會花掉一個月的時間，才能讓所有 OKR 完全定案。

在每季都要擬定一次 OKR 的桑桑，如果光是訂定出 OKR 就要花一個月，那麼就只能用剩下的兩個月來達成目標，這樣豈不是本末倒置了嗎？所以，現在桑桑改以「小組」做為 OKR 設定的最低階層，並以組為單位來達成 OKR。

目前桑桑是以「論功行賞」為基礎，透過評估員工對所屬的小組或部門的 OKR 達成「做了多少貢獻」，來對每位員工進行考核。

　　此外，為了讓人事考核更公開透明，員工個別的考核，除了直屬主管，員工還要自選身旁「願意考核自己的人」，少則三位，最多可有五位。考績占比則是主管占三成，同事占七成。

　　這套考核制度，據說在桑桑導入 OKR 之前就已全面使用。未來是否會再讓員工個人的 OKR 設定復活，是目前桑桑在 OKR 運用上的課題。

08

運用 OKR 的「重點」為何？

重點❶ 釐清導入 OKR 的意義

桑桑人資長表示：「所謂的 OKR，其實是一套工具，它讓每一位員工都能切身感受到自己的工作與企業使命緊密相連。」

明確釐清自家公司「導入 OKR 的意義」，就能縮小實際運用時的「認知落差」。建議各位仔細評估公司導入 OKR 的意義之後，就其內容與全體員工達成共識。

重點❷ 導入適合組織的制度

「MBO 算是把各部門的目標大致切開……相對地，OKR則是要先明確地呈現『目的為何』，這個動作所帶來的效果很可觀。」

運用 OKR 時，不僅要釐清「自家企業組織適合什麼樣的機制」，明白「自家企業組織究竟想做什麼」，也很重要。

重點❸ 設定高挑戰性的目標

OKR 通常是以「訂定難以達成的挑戰目標」為前提，但桑桑在導入 OKR 之前，就有著根深柢固的「使命必達文化」。

OKR 的射月型目標，是約可達到 70％的高水準目標。而桑桑每次都能達到射月型目標，表示這家企業正急速地成長。

重點❹ 盡速執行，彈性使用

每季擬定一次 OKR，如果光是個人訂定出 OKR 就要花一個月，只剩兩個月達成目標，這樣豈不是本末倒置了嗎？所以，現在桑桑改以「小組」做為 OKR 設定的最低階層，並以組為單位來達成 OKR。

企業需要運用一些巧思，加快目標設定的速度，以便盡早投入執行階段。如果還是有困難，也可以像這個案例，做一些彈性變通的運用。

09

運用 OKR 的「常見情況」為何？

常見情況 ❶ 擬訂的目標，現行團隊無法達成

> 設定 OKR 時，請召集達成 OKR 所需的成員共同參與。如需借重其他團隊成員的力量，就請和他們一起設定 OKR。

常見情況 ❷ 只在內部討論，就決定更動 OKR

> 更動 OKR 前，當事者有責任向其他相關部門說明。如果更動的是團隊 OKR，請務必確實取得上級部門主管的同意。

常見情況❸ 明顯無法達成，卻不調整內容

> 　　如已確知 OKR 絕對無法達成，請立即更動 OKR
> （大多只更動 KR）。如果不適時調整，會打擊團隊
> 士氣。

常見情況❹ KR 淪為行動目標

> 　　不確定因素較多時，設定行動目標來當 KR 也
> 無妨（重要的是採取行動）；當條件大致都已確定
> 時，還是應該設定結果目標，以追求更優質的表現。

圖解 OKR ⑫

促進團隊的向心力
維持成員恰到好處的自信

　　設定「射月型目標」的 KR 時，若勉強團隊成員 100％達成，恐將重挫員工的工作動機。不過，如果目標設定的前提是「做不到也無妨」，就不會有人願意積極工作。

　　因此，在設定射月型目標的 O 之際，除了要明白宣示「沒達到 100％也無妨」，為維持員工的工作動機，在設定「KR」時，最好能以可視化的方式，來呈現達成機率高低。

　　達成機率高低，就是「OKR 自信度」的指標。在項目上，要請員工填寫「對自己設定的 KR 達成與否，有多少信心」。舉例來說，若對某一個 OKR「有十足的信心能達成」（自信度 10 分），那麼它就是「攻頂型目標」；反之，如果「完全無力招架」（自信度 0 分），員工就會提不起勁來工作。

　　「射月型目標」的設定標準，應該要能讓當事人感到「雖然很難做到，但還是有機會，是一個值得挑戰的目標！」換言之，自信度 5 至 6 分，是最「恰到好處」的水準。

　　整個團隊若能對「自信度 5 到 6 分的狀況」有共同的體認，就有助於促進團隊成員相互合作。如此一來，就算設定偏高的目標，團隊也能奮力達成。

「OKR 自信度」的概念

OKR 自信度 = 當事人評估「對達成 OKR 目標有多少信心」

自信度 10　對達成目標充滿信心

⇕

自信度 5　只要肯努力，就有機會達成目標

⇕

自信度 1　完全無力招架

OKR 以達成度 70％為目標，因此自信度以 5 分左右為宜

OKR 自信度（範例：普羅諾伊亞集團）

 自信度 10	在東京市區設置普羅諾伊亞集團的據點
自信度 5	在全球 10 個國家設置普羅諾伊亞集團的據點
自信度 1	在月球上設置普羅諾伊亞集團的據點

圖解 OKR ⓭

確認每位成員的身心健康與工作動機
設定健康、健全指標

運用 OKR 時要以量化的方式,來確認各項業務進度和員工的行動。不過,進度和行動,當然會因相關人員的狀態而有很大的不同。

如果團隊成員因為身體、心理、工作、家庭等因素,導致狀況不佳、工作動機低落時,他的工作表現就會打折扣。為避免這種問題,主管需隨時掌握成員狀況。

在 OKR 的運用階段中,通常會以「健康、健全指標」,定期確認員工的狀態。若有任何問題,就由整個團隊來協助處理。例如當員工碰上阻礙業務推動的「絆腳石」時,就由團隊協助撥開大石;成員因為過重的工作負擔而身心俱疲時,就從根本來調整業務的機制。

要確認健康、健全指標,不只仰賴當事人定期呈報,主管積極檢視,是很重要的關鍵。因此,在 OKR 中加入健康、健全狀態的檢核機制,是很重要的。團隊成員若能確實掌握彼此的狀態,就能建立更緊密的合作與互補關係。

員工能否保持良好的身心狀況與工作動機,是攸關 OKR 能否運用得宜的關鍵。

健康、健全指標範例

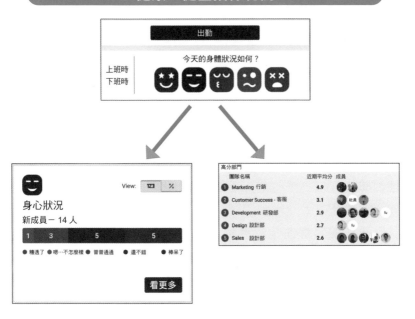

設定健康、健全指標時的注意事項

- 在每週例會一開始，設定「確認」（check-in）時所用的健康、健全指標
- 與團隊成員分享最近發生的事，或目前的一些感受等
- 健康、健全狀況可能對業務（KR）推動造成什麼影響，團隊成員應共同掌握，打造讓員工便於互相協助的環境
- 員工每日主動呈報個人身心狀態，以便掌握個人的身體與心理健康波動

圖解 OKR ⑭

針對短期的狀況，改善調整 OKR

共享達成度和 KR 進度

在 OKR 運用階段，「確認 KR 進度狀況」是非常重要的工作——大家好不容易訂定的 OKR，如果疏於確認，就無法有效地發揮該有的功能，淪為有名無實。那麼，究竟該如何檢核 KR 的進度狀況呢？

通常我們會在確認會議（check-in meeting）上，檢視 KR 的目前的進度狀況。所謂的確認會議，就是讓員工各自就「目前自己在做什麼事、打算推動什麼業務」等事項，進行簡要報告的場合，召開頻率建議以每週一次為宜。

在主管與員工的一對一面談中，固然也能確認各項業務的推動狀況，但光是這樣，團隊成員無法共享彼此的資訊。如果改在確認會議上檢討進度，團隊裡所有成員都能對現況有共通的認識，也能互助合作、互相協助等。

此外，確認會議的召開頻率、形式和時機，都可依團隊的業務內容變化調整。可以像週一的朝會一樣，於固定時機召開；也可在網路上用虛擬會議的方式，和分散各地的員工開會。不論頻率、形式如何，重點在於情勢生變時，所有相關人員要共享情報，互助合作，以改善突發狀況。

在確認會議上檢核的事項

❶ OKR 的進度狀況

公司是協助每一位同仁達成 OKR 的一個平台

❷「順利進行的事」和「不太順利的事」

確認那些發展不太順利的壞消息，才是最重要的

❸「不順利的原因＝瓶頸」和解決方案

「為了突破瓶頸，我們來討論一下可以提供什麼協助，釐清問題！」

射月型目標帶來的效益

對問題有共識，並加以解決

先讓團隊成員對問題有共識，再一起思考解決方案，
動手解決問題 —— 不斷重複這樣的循環

圖解 OKR ⑮

回顧並重新評估，確保 OKR 得以實現

視情況和進度修正 KR

　　雖然 OKR 是每季擬訂，但不代表設定完就不能更動。在每個季度中，如有必要應重新評估 OKR。

　　回顧 KR 狀況時，是重新評估的好時機。一般而言，同一個團隊裡的主管、成員，在 KR 回顧時會站在各自的立場，填寫自己的意見，而在思考這些意見該如何回覆的同時，就會考慮可能的因應措施，例如調整達成 KR 的方法或修正 KR 等。

　　修正 KR 的時機五花八門。假設我們依據某個 O 設定了 KR，起初原本是以達到七成為目標，但有時可能會因為業務的進度狀況和商業環境的變化等因素，導致達標希望渺茫無望；又或者是在過程中發現超乎預期地輕鬆，幾乎可確定順利達標。不論是上述哪一種情況，都需要重新評估 KR。

　　原本可與 O 連結的 KR，也可能因為商業環境變化等因素，讓兩者間的關聯轉淡（就算達到眼前這個 KR，仍無助於實現 O）。在這種情況下，恐怕也得重新評估 OKR。

　　請各位別用「難以實現，所以推翻原案」之類的說詞，輕易決定修改 KR。更動 OKR 的重點，是要讓團隊成員隨時保持「加足馬力」的狀態，以便能更奮力耕耘。

KR 回顧的概念

 ## 達成 70%～ 80%即可！

- 不僅要擬訂有望達成的目標，還要設定頗具難度的目標（後者的達成率只要達到70％～80％以上即可）

 ## 時時重新評估 OKR ！

- 協調、整合組織與個人的 OKR，並時時重新評估

設定 OKR 的注意事項

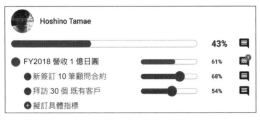

以可目視確認的形式呈現 KR 達成度，並予以考核

「新案件的簽約目標，再下修一點比較好。」

「拜訪既有客戶的部分，是不是還有努力空間？」

「對具體指標有什麼想法？」

「要讓達成率衝到七成，有什麼具體方案？」

圖解 OKR ⑯

重視員工為公司目標所做的貢獻

OKR 可與人事考核分開運用

OKR 制度很適合「開發新事物」、「改變既往做法」等。要求個人或組織提出射月型目標，想必就是為了要鼓勵員工勇於迎接新挑戰。

不過，OKR 與企業的人事考核連結，絕非易事。因為各部門、團隊訂定的 O，難易程度不盡相同；衡量 KR 達成狀況的觀點，也很難量化。

所謂的人事考核，就是要將員工的績效表現，轉為「薪資」這個量化的數字。可是，**若用此觀點來運用 OKR，就會降低它的靈活度，甚至可能喪失原有的優勢。**

儘管目前企業運用 OKR，多半是與人事考核分開考量，但並沒有影響「讓公司和員工朝著同一個方向邁進」的這項優勢。此外，導入 OKR 等於是向員工明確表達「正面受傷不問罪」*，更能彰顯 OKR「催生新挑戰」的長處。反之，若 OKR 與人事考核連動，企業就得多花心思，以避免員工因害怕失敗而畏縮。

實務上，放眼目前 OKR 已連結人事考核的企業，對績效考核的想法的確是形形色色，有些企業的 OKR 甚至是不與個人考績連動，而是反映在團隊整體的考績上。

---

* 日本的知名格言，意指勇敢迎戰者雖敗猶榮，而背後受傷代表落荒而逃，反映了可恥的怯懦心態。

「OKR 與考核」的概念

❶ OKR 可先與績效考核分開考量，待制度在公司扎根後，再併入考核標準也不遲

「就算 OKR 不和考績連動，一樣可以看得到導入成效。」

❷ 用 OKR 來進行績效考核時，亦可加入目標達成度與難度、對業績的貢獻度、從中學會的技能等元素

「可以不必純粹只以營業額、獲利來考核員工。」

❸ 個人績效考核難與 OKR 連動時，亦可以團隊為單位，讓團隊的績效考核與 OKR 連動

「可依業務特性和團隊政策等因素，做彈性的運用。」

「OKR 與考核」的案例

谷歌	Mercari	Swipely
• OKR 達成度與考核連動 • 讓收到公司考核結果的員工，可透過 OKR 這項工具，回顧自己的行動	• 人事考核採用 OKR 與價值管理，雙軸並進 • 價值管理：「Go Bold」、「All for One」、「Be Professional」，這三項是考核員工有無落實公司的行動方針 • 在每季一次的面談中重新評估內容是否合宜	（員工人數從30人 → 80人的科技新創公司） • OKR 與人事考核完全分開考量 • 引進一套透過「標記」就能回饋意見的系統 • 對員工的技能養成特別重視，業務部門在設定目標時，也必須設定至少 1 個與技能養成相關的目標

圖解 OKR ⑰

利害關係人的明確化與可視化

人人各司其職又互助

　　「責任指派矩陣」（RACI Matrix，又稱銳西矩陣）是 OKR 的輔助工具。運用 RACI 後，就要針對個別 OKR 設定「執行者」（Responsible）、「說明者」（Accountable）、「合作單位窗口」（Consulted）、「報告單位窗口」（Informed），釐清誰負責執行，在企業組織內該向誰做結案說明，又該向誰尋求意見、請求協助，以及對誰做進度狀況的報告。

　　運用 OKR 時，需要隨時確認 KR 的進度狀況，也要團隊互助合作，共同朝 OKR 達成邁進，還需要視情況重新評估或修正 OKR；然而，光是大聲疾呼這些行動的必要性，卻忽略了誰負責把事情做完、誰要從旁協助，誰該檢核進度，團隊內就會發生沒人動手做事的窘境。

　　利用責任指派矩陣釐清每件事的負責人，就能解決這個問題。此外，用一份清單來匯總責任指派矩陣，更能掌握目前團隊裡的 OKR 進行到什麼階段，以及業務集中給哪些人等。

　　設定責任指派矩陣，除了能為主管分憂解勞，也能在團隊中建立起互助機制，以促進團隊順利達成 OKR。

「責任指派矩陣」的設定（範例：普羅諾伊亞集團）

目標 （Objective）	關鍵成果 （KeyResults）	執行者 （Responsible）
在商界創造新潮流	在「不跑業務！」「目前沒客戶！」的前提下，獲利提升 3 倍	星野

說明者 （Accountable）	合作單位窗口 （Consulted）	報告單位窗口 （Informed）
彼優特	平原	世羅

不論是公司、團隊或個人的 KR，都擬訂出責任指派矩陣

「責任指派矩陣」的角色功能

執行者	說明者	合作單位窗口	報告單位窗口
負責執行任務。可同時負責多項業務	任務或專案的總負責人，應對來自外部的所有洽詢事宜（單一窗口）	徵詢意見的對象。需與團隊進行雙向對話	隨時掌握最新進度狀況者。基本上是單方面聽取報告

就企業階層而言，設定責任指派矩陣能釐清每個角色的功能，避免該任務落入灰色地帶；以個人階層來說，設定責任指派矩陣能讓每位員工在身邊成員的協助、支援下，推動必要任務

專欄 3

「速度感」是永遠的課題

誠如各位在範例中所見，「速度感」是運用 OKR 的一大課題。導入 OKR，要先釐清企業使命，並讓每一位員工懷抱「為了實現這個使命，我要做○○」的認同感，才能讓 OKR 發揮正向的效果；然而，如果要讓每位員工都設定 OKR，往往容易耗費太多時間。

企業為了「更有速度感」才導入 OKR，結果進行到全體員工的 OKR 設定階段時，彼此的協調、整合，終究還是很花時間。因此，「放棄個人 OKR 的設定」的確也是一個選擇。

運用 OKR 之際，有時 KR 不見得都能達成。此時主管不應指責個人或團隊，而是要讓眾人思考「該怎麼做才能達成」，重新檢討「為什麼非要達成這個 KR 不可」，有時甚至可以當機立斷，改換 KR。

事實上，桑桑執行董事大間佑太説：「在我們公司，有時候昨天還説是『黑』的東西，今天就説它是『白』了呢！（笑）」

姑且先不論公司 OKR 如何，對員工 OKR 的變更有極大彈性的公司，其實不在少數。桑桑不見得會設定個人 OKR，就某種意義上來説，或許是很理所當然的結果。

第 4 章

如何高效
「一對一面談」?

10

讓員工自我實現、落實學習

【案例企業】普羅諾伊亞集團
（https://www.pronoiagroup.net/）

「組織新樣貌」的實驗場域

設立在日本的普羅諾伊亞集團，董事長是彼優特‧菲利克斯‧吉瓦奇，他曾任谷歌亞太地區人力資源暨組織發展部門主管。公司所標榜的口號是「未來創造」。

「普羅諾伊亞」聽起來會有點陌生，這個詞源自於希臘文，是「洞燭機先」、「預測」的意思。

普羅諾伊亞主要是透過事業發展（Biz Dev）、教練式領導（coaching）和工作坊等方式，協助企業解決組織改革、優化績效表現和人才培訓等課題。你或許會認為它就是一家企管顧問公司，但它展現的態度，和其他公司有天壤之別。

一般而言，企管顧問公司所做的事，是針對「客戶」拿來

諮詢的課題提出「解答」。但普羅諾伊亞不是單方面提出「解答」，而是和上門求助的企業一起找尋發現答案的方法。所以，他們稱這些企業為「夥伴」，而不是「客戶」。

普羅諾伊亞會有這樣的態度，最主要是受到創辦人彼優特的觀念，以及他對企業組織、人力資源的影響。換言之，普羅諾伊亞和彼優特都認為攜手同行能為夥伴創造未來。

普羅諾伊亞的組織結構也很獨特。首先是公司的員工人數。2019 年 5 月，包含公司負責人彼優特在內，普羅諾伊亞的正職員工有六位，但還有六位兼職員工和兩位實習生。

基本上公司還是有執行長（彼優特）和營運長（星野小姐），但所負的責任不會因職位或僱傭型態而有所差異。所有人都平等，工作範圍、發言權限也沒有限制。他們和夥伴之間的關係也一樣，採取「與志同道合的成員攜手同行」的方式，不分上下尊卑，每個人都發揮領導統御能力，帶動公司運作。

其實，彼優特也不曾以「董事長」的身分發言。不僅如此，聽說星野小姐曾針對彼優特提出的方案，向員工說：「既然彼優特都這麼說了，那我們就試試吧！」結果團隊裡的成員立刻否決並說：「不要這樣決定。」

薪酬基本上也採全員公平、公開的制度。當然，正職員工都知道彼此的年收入，甚至沒有以績效來評估薪水的制度。

另外，普羅諾伊亞在每個專案當中，都會採用以兩人為一組的搭檔制（buddy system）。目的是除了希望員工能用多元的觀點來推動專案，同時降低獨自承擔太多業務的風險，方便員工休假調度。在同等規模的企業當中，普羅諾伊亞的這套做法相當罕見。

上述的機制，全都與一般公司給人的印象相去甚遠。

讓公司成為員工達成自我實現的平台

普羅諾伊亞於 2017 年才完整導入 OKR，資歷尚淺。既往公司的輪廓不夠明確，隨著正職員工陸續到職，公司的「組織」才逐漸成型。這代表，普羅諾伊亞的「組織架構」，幾乎可說是與 OKR 導入同步進行。

不過，對普羅諾伊亞而言，OKR 不是用來「打造像樣的組織」，而是為了打造「讓每位員工都能達成自我實現的公司」所做的目標管理。這種思維是普羅諾伊亞以「企業文化優先」為前提在經營的緣故。

當企業以員工的自我實現為優先考量時，其呈現的樣貌，就是每個人帶來不同的文化，讓公司成為以達成自我實現為目

標的平台。因此，在 OKR 當中所設定的目標，當然不會是「營收＊＊＊」，而是「公司該有的樣貌」。畢竟營收多寡無法成為本質性的目標，它只不過是一種策略罷了。

目前，普羅諾伊亞的每位員工都能對彼此的 OKR 有共識，但在 OKR 的回顧上，還有一些課題。

換句話說，普羅諾伊亞的員工認為，公司對於 KR 達成狀況的掌握，以及了解狀況後所提供的協助，還不夠完善——因為每位員工為達成 OKR 所展現的努力態度積極與否，個別差異相當明顯。

所以，現在普羅諾伊亞導入了 OKR 可視化的工具，不僅管理 OKR，也隨時分享日常業務的重點事項與前後交接事宜。

最特別的是，普羅諾伊亞也在系統上嘗試加入一個「小摘要」＊的功能，全體員工都能編輯內容，或在下方留言，目的是為了讓員工多留意其他人發出的「求救訊號」。

另外，普羅諾伊亞集團每週都會召開一場名叫「普羅諾伊亞人會議」的全員大會。

＊ 「小摘要」是將搜尋引擎顯示的部分資訊「摘要」（snippet）趣味化的產物，用以表示員工分享每週發生的事。

這會議原本是以分享個案進度、傳達聯絡事項等議題占大宗。不過，由於內部出現「如果只是共享資訊，不必特地面對面開會」的聲浪，因此最近會中開始探討「討論有必要的事，才是開會的意義」。

近來，在這會議上，「薪酬」和「考核」不時成為討論的話題，內部開始出現「公司到現在都沒有任何與薪酬連動的考核制度，應該到極限了吧？薪酬該怎麼發才合理？」等意見，因此普羅諾伊亞正在評估一套讓員工互送績效獎金的「同儕獎金」（Peer Bonus）制度和「表揚獎項」（Award）制度，做為解決方案。

這些機制既能保留搭檔制，又能將每位員工的貢獻反映在薪酬上。例如所謂的「表揚獎項」制度，就是以「最佳○○○」等方式，每半年進行一次表揚。

而獲表揚員工所得的「點數」，就像里程一樣可以累積，累積到一定數量後，可依個人意願兌換成各種形式的薪酬。拿點數來兌換休假者，可申請進修長假（sabbatical），說不定還足以到國外留學一趟。

普羅諾伊亞集團透過在「普羅諾伊亞人會議」上多方討論組織運作機制，並試辦相關措施等方式，不斷地摸索「最適合自家的組織樣貌」。

在 OKR 負責內部管理的星野小姐表示：「我們不是單純為錢工作，我們把待在這家公司的時間，當作一個學習的機會。」

怎麼一對一面談最有效？

在導入 OKR 前，普羅諾伊亞集團的正職員工到職後，就會開始進行一對一面談。

彼優特因為聽了員工在一對一面談中提到「自己想做什麼？」等內容，才會導入他當年在谷歌很熟悉的 OKR。所以普羅諾伊亞是先有一對一面談，才導入了 OKR。

普羅諾伊亞的一對一面談形式，是由公司負責人 —— 彼優特個別和正職員工面談，再由正職員工個別找兼職人員、實習生進行。

前者每週會進行一次，員工會「預約」彼優特的行程空檔進行一對一面談，再列出議程，寫下想討論的事項後繳交。

員工和彼優特的一對一面談，至少進行一小時，員工說話的時間約占當中的八成，彼優特表達意見的時間占兩成，等於是忠實地扮演傾聽者的角色。

多數兼職員工無法都在日間上班，所以工作相關的溝通，

基本上都是線上作業，有時甚至一整週都不會和他們見面討論。這些員工往往也很難參加每週召開的「普羅諾伊亞人會議」，因此和他們的一對一面談，某種程度也是在補強這方面的不足。

兼職人員和實習生的一對一面談，由公司指定的正職員工，依當事人的條件需求和限制，安排時間召開。

兼職員工在一對一面談時討論的內容，包括「今後要在公司裡做什麼？想在公司裡有什麼發展」、「在普羅諾伊亞人會議上討論過的公司 OKR」、「和兼職人員協調個人 OKR」等。

頻率大概是每週一次，依與會雙方的時間，有時可能會在晚間找個地方碰面之後，再邊吃飯邊聊，也有人是線上對談。如有需要，這些兼職人員和實習生也會與彼優特面談。

在一對一面談當中，兼職人員和實習生談論的內容，以目前進行的業務為主。具體上，其實就是討論工作的態度和方式，以及想在公司學會什麼，想獲得什麼自我實現的機會等，進而相互確認公司要求的績效水準。至於彼優特與正職員工之間的一對一面談，會討論更多與公司營運相關的話題。

星野小姐表示，一對一面談的效果是多方面的，但最重要的，應該是員工能坦白說出目前面臨的困境。例如「再怎麼努力，就是無法突破現狀」、「我在這裡原地踏步」等平常難

以啟齒的話題。當員工願意盡早提出問題時，公司就能盡快協助，趁早處理。

在一對一面談當中，如何營造讓人「願意說出難以啟齒的事」的氣氛，面談中的發言不涉及人身攻擊，是很重要的關鍵。換言之，「心理安全感」是妥善運用「一對一面談」之際，不可或缺的一項元素。

⑪

一對一面談的「重點」為何？

重點❶ 導入 OKR 前，先實施一對一面談

在導入 OKR 前，普羅諾伊亞集團在正職員工到職後，就會進行一對一面談。

> 要導入一對一面談機制之前，不見得要先實施 OKR，也可選擇只導入一對一面談。不過，在導入 OKR 之前，必須先實施一對一面談。

重點❷ 由團隊成員自主安排

員工會「預約」彼優特的行程空檔進行一對一面談，再列出議程，寫下想討論的事項後繳交。

> 前文圖解的部分也提過，一對一面談原則上要由團隊成員安排會議、設定議題。

重點❸ 不該是主管說教的時間

　　員工和彼優特的一對一面談，至少會進行一小時，員工說話的時間約占當中的八成，彼優特表達意見的時間占兩成。

　　一對一面談的目的，是要讓員工面臨的課題浮上檯面。因此，「主管單方面地說教」，恐怕會引起反效果。

重點❹ 面談時，保障員工的心理安全感

　　在一對一面談中，如何營造出讓人「願意說出難以啟齒的事」的氣氛，面談時的發言不涉及人身攻擊，是很重要的關鍵。

　　若要將「一對一面談」的功能發揮得淋漓盡致，必須確保主管與團隊成員之間已營造出「可以放心傾訴問題」的氣氛，也就是要保障員工的心理安全感。

12

一對一面談的「常見情況」為何？

常見情況 ❶ 團隊成員一味抱怨

> 　　一對一面談不是讓員工宣洩牢騷的出口，而是要掌握工作上的課題，並協助解決的時機。多少發洩幾句不滿，雖不造成太大的問題，但建議還是要把一對一面談真正的目的告訴員工。

常見情況 ❷ 忙到無法一對一面談

> 　　一對一面談要定期實施，才能發揮它的效果。通常每週應召開一次，至少也應每兩週進行一次，以輔助 OKR 順利達成。

常見情況❸ 主管單方面給建議

在一對一面談當中，不少主管都會單方面地給建議。但是，主管真正該做的，是聽當事人談談自己的工作狀況，讓他意識到自己的課題，進而主動思考解決方案。

常見情況❹ 未事先準備，面談前一刻才傳資料

若想讓一對一面談大有斬獲，事前準備絕不可少。員工應事先安排好議題的優先順序，而且最晚要在前一天就把議程寄給主管。

圖解 OKR 18

定期溝通來建立彼此的信任
讓一對一面談發揮效果

所謂的「一對一面談」，基本上是由主管和團隊成員所進行的定期面談。在日本，率先在全公司實施這套制度的是雅虎。雅虎在人才培訓方面繳出了亮眼成績，讓「一對一面談」近幾年廣受各界矚目。

OKR 和一對一面談，本來是兩套不同的機制，可是選擇導入 OKR 的企業，幾乎都讓 OKR 和一對一面談雙軌併行。

企業實施一對一面談的頻率各有不同，但最好每週進行一次。面談中主要的議題，是員工的業務執行進度。

如果公司用一對一面談搭配 OKR，就要在面談中討論「若要在指定期限內達成 KR，現階段的達成率應該要多少？」「目前實際達成率有多少？」「當實際達成率低於計畫達成率，要探討原因為何，以及能否追上落差？」「在應達的 O 之下，目前 KR 是否合理？」等，再視需要，針對是否尋求其他成員或主管的協助等議題，展開討論。

實施一對一面談，是為了「讓員工主動找主管商量自己的課題」，而不是「主管找員工來訓話」。主管提供「覺察」，以促進團隊拿出更卓越的表現，進而成就員工的自我實現與成長，更刺激員工對 OKR 積極參與的責任感。

OKR 與一對一面談併用的效果

【效果①】工作表現更出色

讓員工察覺自己在 KR
達成上的課題

【效果②】公司與員工朝同一個
方向邁進

讓員工有機會思考自己與
公司 OKR 的方向是否一致

【效果③】提升工作效率

公司協助員工解決課題,
讓員工工作變得更有效率

【效果④】成就自我實現與成長

透過解決課題、達成 KR,
帶動個人成長

圖解 OKR 19

拿捏員工的心理安全感是關鍵

不會因為呈報事實，蒙受負面壓力

　　一對一面談中，若想讓員工有更多覺察，就必須讓員工願意訴說自己的業務進度狀況和當前問題。然而實務上，很多員工對於「毫不隱瞞地向主管報告工作進度和問題」仍感抗拒。可是，如果員工選擇隱瞞該呈報的事項，或呈報的內容造假，那麼一對一面談就失去意義了。

　　因此，運用一對一面談時，關鍵莫過於「讓員工敢於毫不隱瞞地報告、商量的狀態」。而要營造這種狀態，重點在於員工要能相信「不會因為呈報事實，而蒙受任何負面的壓力」──這種狀態，通常我們稱為「心理安全感」。

　　保持員工的心理安全感，是典型的「知易行難」。舉例來說，**透過一對一面談，主管不僅能了解團隊成員如何處理手邊工作，還能深入了解他們面對工作的態度和想法。**有時主管會想根據自己「掌握的事實」，加強對部屬的管控，例如在進度不如預期時，強迫部屬改用別的方法做事等。然而，這種行為會破壞員工的心理安全感。

　　一對一面談中，主管懂得把「那該怎麼做才好？」的問題拋出來，重點是讓部屬自己去思考。

何謂「心理安全感」？

員工覺得自己在公司裡能泰然自在，毋需蒙受任何負面壓力的狀態；
或是一個鼓勵同事相互砥礪、互享建設性意見的狀態

例如：

「挑戰新事物時，主管和團隊裡其他成員
會表現出積極協助的態度」

「在職場上，不會蒙受
來自旁人的負面壓力」

「在團隊內決策時，會尊重
所有團隊成員的意見」

心理安全感的效果

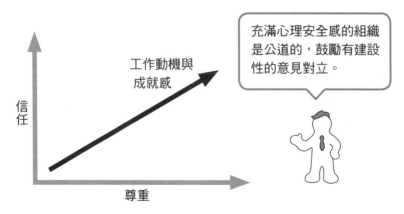

充滿心理安全感的組織
是公道的，鼓勵有建設
性的意見對立。

工作動機與
成就感

信任

尊重

公司信賴並尊重員工，使員工信任公司，進而感受到心理安全感

115

圖解 OKR ⑳

不是「主管找員工」，而是「員工找主管」
由團隊成員自主安排

　　對員工來說，一對一面談是要透過會議的形式整理自己的狀態，從中得到一些覺察。所以，一對一面談基本上也必須由員工自己來安排。

　　一對一面談以每週召開一次最理想。如果是工作行程較固定的職場，也可安排於每週固定時間召開。

　　此外，每次一對一面談的時間可以不必太長，最長約莫是一小時左右。尤其是那些要和多位團隊成員面談的主管，要花的時間的確相當可觀，因此只要報告、商量事項都談完，提早結束也無妨，不必拘泥於既定的時間。

　　至於面談形式，也會依員工的工作內容或勞動形態而有所不同。能面對面進行當然最好，若實在有困難，改採線上面談也無妨。有時甚至可視情況，找個地方邊喝咖啡（可視情況改為小酌）邊聊。

　　「團隊成員主動安排」、「要確實做好溝通，但不浪費時間」、「彼此開誠布公地討論」，是一對一面談的基本態度。

一對一面談的概念

【概念①】員工為了讓自己更好，主動安排時間

由公司或主管主導的一對一
面談，很難有成效

【概念②】時間或地點都不拘

只要議題討論完畢，
提早結束也無妨
有時也可一邊用餐、小酌

【概念③】在面談前一天中午前排定議程

員工如不自行擬訂議程，
主管可能會跳過這場面談

【概念④】以「問候」為始，再進入正題

先談日常話題，讓氣氛
放輕鬆之後，再進入正題

圖解 OKR 21

透過溝通，建立共識

鼓勵員工報告、決策、共創與內省

　　OKR 和一對一面談配套導入企業時，雖會透過一對一面談來確認 OKR 的進度，但光是這樣還不夠。在確認進度的同時，主管還要隨時、一再地尋問 OKR 的意義。

　　舉例來說，導入 OKR 的目的之一，是「要讓公司與員工朝共同方向邁進」。換言之，各成員的 OKR，都必須和團隊、公司的 OKR 相串聯。而在一對一面談中，主管必須讓團隊成員去思考自己的 OKR 對團隊的 OKR 能有多少貢獻，接著再讓成員決定該如何因應不足。

　　此外，OKR 的達成，最好有助於成就團隊成員的自我實現。主管也要在一對一面談中提供這種覺察機會。再者，員工個人的 OKR 對其他成員的 OKR、團隊的 OKR 等都有影響。

　　因此，主管要懂得確認員工彼此之間是否已做了充分的溝通協調，也就是在面談之後，協助他們聯繫商量，或把進度延遲的情況告知其他成員等。主管也要確認目前的大環境與 KR 是否有矛盾，並視需要加以修正。

　　一對一面談中，重要的不只是確認團隊成員的工作進度，還要讓他們了解工作的意義，幫助他們「覺察」自己後續該有的行動。

一對一面談的概念

主管的意見會因 OKR 的達成狀況而有所不同。如果進度落後，主管可建議調降目標，或提供其他方案

在一對一面談中該問的事

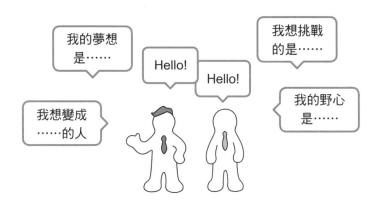

一對一面談是為了讓團隊成員了解彼此正在挑戰的事項，進而相互協助，所開發的一套溝通工具。讓每位員工光明正大地在職場上，向眾人宣布那些過去不敢說出口的夢想、挑戰和野心吧

圖解 OKR 22

用最短的時間，發揮最大的效果
在議程寫上優先順序和產出成果

若希望一對一面談能不造成雙方過度的負擔，並在有限的時間內發揮最理想的效果，那就必須節奏明快地討論各項議題。因此，事前擬訂議程是不可或缺的工作。

很多人都對一對一面談有誤解。事實上，議程的製作是員工的工作。因為在安排面談時，員工要事先讓主管過目想討論的議題。而在議程當中，要將這些議題依優先順序列出。

若公司使用 OKR，員工還要在議程上列出 KR 的進度狀況和內容、具體的行動計畫、需要的協助等，並針對請求協助的內容和行動計畫等項目，明訂「○月○日之前」的完成期限，在面談時就這些項目的可行與合進行討論。

主管應於面談前看過議程內容，確認預計討論哪些議題。如有需要，可將議程資訊提供團隊內其他成員。此外，萬一議程內容未達足堪討論的水準，或甚至員工根本沒有在面談前擬訂議程，主管可要求員工重擬，或取消整場一對一面談也無妨。

員工可藉由匯整議程，從中約略掌握自己的處境和問題。換言之，一對一面談最大的目的——覺察，在員工擬訂議程時就開始進行了。

一對一面談的議程（範例）

① ②

③

【報　告】	❶	本週專案進度報告（10 分）
【決　策】	❷	決定Ａ公司的年度提案事項（15 分）→有附件資料 ④
【決　策】	❸	決定案件Ｂ的企劃書（15 分）→有附件資料
【創　造】	❹	○月○日外部活動的內容細目（20 分）
【創　造】	❺	討論Ｃ公司講習內容的方向性（10 分）
【內　省】	❻	從最近的成功、失敗經驗當中學到的事（含公、私領域）（20 分）
【報　告】	❼	懇請於期限內完成資料Ｄ、Ｅ、Ｆ的確認（1 分）⑤ →資料已寄出。期限：○月○日前

①在每個議題上寫出自己期望的產出成果類型，讓人一目了然

②議題要依優先順序排列

③每個議題都要寫出約略的時間

④事前提供面談時會用到的資料

⑤把當下要討論的事，和會後該做的事分開

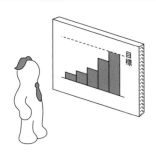

圖解 OKR ㉓

一對一面談，最常提問的三大類問題

確保「OKR 如何與實際行動連結」

　　一對一面談中，員工會被問到的「OKR 的意義」和「OKR 的推動方法」，可分為三大類。第一類是「你能為企業組織或團隊的 OKR 達成做什麼貢獻？」，也就是「你的 KR 進度能為企業組織或團隊的 O 達成做出多少貢獻？」這個貢獻度的多寡，決定了每人的 OKR 對企業組織是否有所助益。

　　第二類是團隊裡其他成員如何協助當事人達成 OKR。基本上，工作無法只憑一己之力完成，因此能否獲得其他同儕的協助，就顯得格外重要。畢竟若能得到充分的協助，OKR 就能早日達成。

　　第三類是確認「OKR 是否仍有效？」商業環境在變，公司的政策也會調整，你我推動的各項業務，條件隨時都在變動，因此員工必須隨時檢視「我的這個 OKR，是否還能有效幫助企業組織或團隊達成 O ？」若已無預期效用，就要立刻修正 OKR（尤其是 KR）。

　　在運用 OKR 的階段，隨時都會問到這三大類的問題，而且一再重複。這些叩問，也有助於確保「OKR 如何與實際行動連結」。反過來說，一對一面談就是透過確認 KR 的進度，一再追問 OKR 的意義，來鼓勵團隊員工起身行動。就這層涵義而言，一對一面談可說是推動 OKR 之際不可或缺的一套工具。

透過一對一面談，確保「OKR 如何與實際行動連結」

❶ 你為 OKR 達成所做的貢獻

- 是否投注了夠多的時間？
- 是否具備充足的技術與知識？
- 是否已擬訂了有效的策略和計畫？
- 是否已取得需要的預算？
- 是否做了正確的選擇或判斷？

❷ 團隊其他成員如何協助你達成 OKR

- 是否已取得同團隊或其他部門成員的協助？
- 這些人是否具備充足的技術與知識？
- 團隊是否將互助精神發揮到極致？
- 前來救火、馳援的同儕，是否做出了正確的選擇或判斷？

❸ 目標的有效性

- 現在的 O 與 KR 成果，是否與部門及公司 OKR 達成有關？
- 優先順序是否正確？
- 每季的目標是否已確定排妥？或應該重新評估？
- 除了自己的 OKR，是否也對部門和公司 OKR 有達成意識？
- 達成目前的 OKR 之後，是否會對公司本身，乃至於對顧客與社會帶來價值？

專欄 4

赫米如何安排一對一面談？

前文的赫米（Hamee）的案例也差不多是在導入 OKR 之際，才開始推動一對一面談制度。

據說在赫米，一般部門每週要進行一次一對一面談，至於較難安排空檔的客服中心等部門，則是每月安排一次。每次進行的時間是三十分鐘到一小時，面談對象基本上是高自己一個階層的主管。例如經理級就和執行董事面談，基層同仁就和經理或副理面談。

推動一對一面談時，最讓人費神的就是員工和主管之間的調性問題。例如有些員工以往的一對一面談都運作得很順利，但組織一調整，主管一換人，運作就出現問題。

於是，部屬便會針對面談的進行方式和內容提出不滿，但這並不見得一定是新任主管的責任——因為與其說是新主管執行一對一面談的方式有問題，倒不如說是員工與主管的調性不合，所造成的問題居多。

實際上，赫米在開始推行一對一面談前，就已在內部進行過問卷調查。結果發現，雖有「主管怎麼可能花這麼多時間和我們溝通」之類的意見，也有不少員工擔心「我會下意識地說出主管想要的答案」。

究竟該如何推動更妥善的一對一面談？赫米目前在這方面的教育訓練尚有不足之處。如何平息員工的不滿，想必會是赫米未來發展一對一面談制度的重要課題。

第 5 章

OKR 如何改變
企業？

13

包容多元意見，目標也能一致

【案例企業】優則倍思（https://www.uzabase.com/）

釐清當前的首要任務，消除基層意識分歧

　　創立於 2008 年 4 月 1 日的優則倍思（UZABASE），以「用經濟資訊改變世界」為使命，提供資訊傳播平台，以協助企業進行事業發展上的各項決策。

　　優則倍思的事業主軸，是「SPEEDA」這個業界資訊的搜尋平台和經濟社群媒體「NewsPicks」。而負責營運 NewsPicks 的組織，在 2015 年另外成立了一家「挑新聞股份有限公司」（NewsPicks, Inc.）。

　　優則倍思是一家採分公司制的企業，而 OKR 並不是全公司同步導入，而是以部門為單位進行。目前導入 OKR 的是「速必達」（SPEEDA）這個為日本國內提供服務的部門。

　　速必達於 2016 年下半年度導入 OKR，其契機可再追溯至

前一年——2015 年底，速必達沒有達成當年度的營收目標。雖說達成率是 99％，數字已逼近達標，但在優則倍思這家要求達成率 100％以上的公司裡，是個非同小可的問題。

會出現未達標的情況，原因在於「公司策略與基層意識分歧」。當時，優則倍思的整體策略是「聚焦亞洲」，可是日本市場向速必達提出許多不同於亞洲市場的需求。日本的開發團隊想回應這群日本使用者的需求，畢竟他們占整體使用者的大宗。可是，速必達又必須遵循公司「聚焦亞洲」的整體政策，所以無法專心對應日本市場。

該如何打破這樣的困局呢？顯然優則倍思的公司目標，和「速必達」這個團隊的目標無法整合，需要先整理、釐清當前的首要任務。而經營高層已經訂定了公司業務發展的優先順序，基層如果只是遵循，無法維持第一線同仁的工作動機，團隊之間也無法互助合作。最重要的是這樣的氣氛，很不像優則倍思的風格。

因此，當時負責統籌管理速必達的佐久間衡先生〔現為優則倍思集團旗下佛卡斯（FORCAS）公司董事長兼日本創投研究機構（Japan Venture Research）董事長〕重新調整組織體制，將既往全公司共通的分析及開發等團隊，改以地區為單位劃分，讓速必達更能聚焦個別目標市場的需求。

組織改組的目的,是為了要讓基層能更迅速地做出決策,並依各地區使用者的需求,提供他們想要的價值。可是這樣一來,就需要在新的組織中,加入「順利推動組織運作的機制」。而這種機制,就是 OKR、一對一面談。於是在 2016 年下半年,速必達正式導入 OKR。

導入 OKR,沒有一體適用的方法

不過,導入 OKR 的實際做法,沒有一套一體適用的方法。在速必達導入 OKR 前,據說佐久間還先在美國知名的知識問答網站闊拉(Quora)上熟讀大量相關資訊。他發現即使在美國,對「OKR 該呈現的樣貌」也是眾說紛紜,甚至還引發了類似宗教論戰的激烈討論。很多人都贊同 OKR 的概念,但在實際導入的過程中,吃了很多苦頭。

這些資訊中,佐久間發現「**世上並沒有一套適用任何組織的 OKR**」之後便擬訂了一個政策,那就是「**總之先試著導入看看,越早碰壁失敗,就能越快重新調整腳步**」。他認為反正不會一舉成功,倒不如以失敗為前提,多花一些時間來打造一套「屬於自己的 OKR」。速必達在導入 OKR,到 OKR 思維在整個組織裡扎根為止,據說花了一年半以上的時間。

　　所幸優則倍思內部有一套「共同的價值觀」，也就是下列的「七大規範」。據佐久間董事長表示，這七大規範和 OKR 的相容性極高。

優則倍思共同的價值觀

規範① 奉行自由主義

規範② 少了創意就沒有意義

規範③ 從使用者的理想出發

規範④ 用速度讓世界驚豔

規範⑤ 如果猶豫，就選有挑戰性的道路

規範⑥ 對身陷困境的夥伴伸出援手

規範⑦ 出類拔萃是一種才華

　　這是當年優則倍思的員工人數突破三十人，員工之間出現一些意見不合或衝突時，所擬訂的規範。目的是希望能在包容多元思維、活用多樣才華的同時，仍能讓員工的目標方向一致。這套規範現已成為優則倍思全體員工的行為準則。

　　佐久間拿這些規範來和 OKR 比較、對照後，發現規範①、

②對應的是「主權」，規範③、④對應的是「承諾」，規範
④、⑤則對應「延伸概念」等，每項規範都能連結到 OKR 的關
鍵字。換言之，OKR 和優則倍思的「企業文化」，調性其實非
常速配。

那麼在導入 OKR 後，速必達出現了什麼樣的變化呢？佐久
間用了「OKR 就是一場『嘉年華會』」，來描述眼見的變化。

舉例來說，在他目前所任職的佛卡斯，2019 年第一季的
OKR，是要「找到新成員來加入團隊」。設定出這個 OKR
後，所有員工都很積極投入延攬人才的工作，還主動、積極地
推薦外部人才給公司。結果最後，透過員工推薦而成功來到佛
卡斯任職的新進員工，共計有七位。

換句話說，OKR 會成為組織在每個當下最重要的主題，活
絡團隊成員之間的溝通，凝聚所有人的力量。

OKR 除了讓員工充滿「期待感」，也能讓員工覺察自己的
主權，促進員工的成長，同時對經營者帶來很好的效果（在速
必達，據說挑戰 OKR 的團隊，後來就改名為「期待團隊」）
——**經營者每年都要提出一個聚焦的主題，並讓各團隊發揮該
有的功能，以實現當年度的主題。這樣的要求，就是在鼓勵經
營者追求成長。**

根據實際業務狀況，調整運用規則

OKR 因為獲得谷歌與臉書採用，所以普遍被認為是一套適合用在研發部門的制度。可是，在優則倍思集團旗下，繼速必達之後第二個實施 OKR 的，其實是行政部。在部門的統籌執行董事松井忍女士的主導下，於 2017 年 8 月開始導入 OKR。

在導入 OKR 前，行政部其實很難說是一個「組織目標已在每位員工心中扎根」的部門。尤其是在優則倍思股票掛牌上市前後的那段期間，部門的核心成員都忙得焦頭爛額，而松井執董自己也要負責處理許多實務工作，無法承諾在管理方面拿出績效表現，因此造成職場氣氛惡化。為改善這樣的狀況，優則倍思的行政部決定導入 OKR，以做為可讓行政部主動為企業組織貢獻的機制。

行政部在導入 OKR 的這段過程中，同樣是一路不斷地摸索。松井表示，當初最讓人傷神的就是「許多業務的成果，無法以量化的方式呈現」。行政部很少有像「營業額」這麼明快的量化指標。

此外，每項專案業務的執行期間都拉得比較長，若要在每季設定不同的目標，難度的確相當高。還有，行政部負責處理的業務，大部分都是公司營運方面的工作。當日常業務讓人焦

頭爛額，尤其是人力資源短缺時，那些積極開創的目標，往往就容易淪為「空頭支票」。例如在人事部門，大部分都以像計算薪資這種不容出錯的工作為優先。

這種工作，往往也是一般人主張「管理部門不適合實施OKR」時，經常提出來的理由之一。實際上，優則倍思的管理部門起初的確是把速必達的那一套做法，幾乎原封不動地移植過來。但在不斷地嘗試錯誤之餘，逐步更動 OKR 的運用規則。

其中最大一項變更，就是改由員工自行提報「OKR 相關業務」與「公司營運業務」這兩類工作的占比安排。因為在行政部，往往要花最多精神去確保日常營運作正確無誤，行政部員工平時工作上的感受，並不認為「全力投入 OKR」最重要，因此導入 OKR 之初，部門內也曾有過「我們的工作，很難只以OKR 為目標」之類的批判聲浪。於是在 OKR 制度實施幾個月之後，行政部便做出裁示：「公司營運業務」和「OKR 相關業務」的合理分配占比，由各團隊自行決定。

此外，OKR 特有的「挑戰目標」，也可依團隊工作狀況，自行評估訂定與否，只訂定「可達成的目標」也無妨。

行政部調整 OKR 的運用方式，改為「有些事做得好是理所當然，我們卻還沒做好。我們要妥善運用 OKR，去做到這些還沒做好的事。」

員工即使不進公司，也能辦公

「不過，起初還是有很多人無法妥善擬訂出 OKR。」與松井合作，在行政部推動 OKR 導入的靈魂人物 —— 行政部溝通團隊經理山田聖裕毫不諱言地說。

OKR 實施之初，山田經理以引導者的身分，投身行政部內的各個團隊，和松井一起到處宣講，讓大家了解「OKR 究竟是什麼？」「為什麼要推動 OKR ？」等。

隨著組織擴大，行政部對於報告 OKR 進度的方式，也都在精益求精。以往組織規模較小，行政部裡大家都知道其他團隊的狀況如何，會把其他團隊的 OKR 也當作自己的事來看待。然而，隨著組織日漸壯大，只在各團隊自己的例會上報告 OKR 執行進度，同事們似乎都沒什麼太大的反應。

於是，行政部調整了做法，改要大家在行政部的全體會議上發表 OKR。會前先指定主持人，各團隊也會在事前回顧自己的 OKR，備妥發表資料，還會指定發表完後由誰講評，以炒熱會議的氣氛。這些會前的準備，都企圖營造一種讓大家覺得「我們設定的 OKR 相當受到肯定」的氛圍。

經過這種運用機制的調整之後，OKR 開始在行政部扎根，並逐漸發揮它的效果。行政部的同仁以往只會日復一日、機

械式地辦理日常業務,如今已懂得再三確認「我到底想做什麼」,並在日常業務之外,為自己設定其他目標。山田經理表示:「我們化解管理部門那種『任人擺布』的感覺之後,整個團隊的士氣大振,也更能聚焦在重點工作上了。」

據說在行政部,**轉變最大的就是總務**。尤其「烏尤尼專案」和「加勒比專案」這兩個 OKR 為行政部帶來很大的轉變。

烏尤尼(Uyuni)位在南美玻利維亞,是全球最大的鹽沼,近年來在日本的名氣也很響亮。每逢雨季,烏尤尼就會變成不帶絲毫漣漪的「寬廣水塘」,水面如鏡子般映照天空,化為一片夢幻的景象。優則倍思的行政部想打造一個如烏尤尼般純淨清爽的辦公室環境,便成立了這個「烏尤尼專案」。

專案團隊主要由總務同仁組成,但實際執行時,則是動員了全公司的員工。專案團隊花了約三個月的時間,讓公司內每個團隊清除不用的物品及垃圾,桌上不擺放任何多餘的東西,打造出視野遼闊的辦公環境。

另一個加勒比專案,則是以「讓總務同仁可以隨時隨地處理公務,就算身在地球彼端的加勒比海,公司各項業務仍能正常運作」為目標。優則倍思本來就是一家允許員工「隨時隨地工作」的公司,但負責接聽公司總機和客服電話的行政部成員,卻一定得到公司上班。

在加勒比專案當中，行政部先安裝了 IP 電話，讓外面打來公司的電話，轉接至員工個人或部門專用的行動電話。接著再整頓各部門業務的工作流程，並將相關文件放到雲端上，讓員工即使人不在公司也能檢視這些資料。如此一來，行政部的同仁即使不到公司，也能處理各種行政業務。

此外，行政部又整頓了公司各會議室裡的視訊會議設備，讓員工可從外部連線參加會議。事實上，松井因為家人工作轉調的關係，每個月有四分之三的時間都住在泰國，但仍以統籌執行董事的身分在優則倍思任職。這應該也可以說是加勒比專案所創造的一大成效吧！

與企業文化相容，不淪為口號形式

在優則倍思，OKR 的運用規則有很大部分都是交由部門或團隊主管決定。以前文提過的速必達為例，除了全年度（每一年）會設定 OKR，每一季則是只設定 O 而不設 KR —— 因為他們認為，無法在每一季設定出對公司事業發展有意義的 KR。至於主管和員工的一對一面談，也會依團隊需求而有所不同，從每月一次到每週一次都有。

另外，在優則倍思，由於已有一份根據職務類型和等級所

擬訂的薪資表，因此 OKR 基本上是與人事考核分開考量。換言之，只要員工表現不符該職務類型、等級所要求的「完成事項」，就不能升遷，也不會加薪。附帶一提，這份薪資表在速必達內部是公開資訊，全體員工都能瀏覽。

行政部則是召集了所有同仁，就薪資表公開與否進行過一番討論，結果也決定開放瀏覽。行政部同仁認為這種討論過程，讓他們得以充分了解彼此的價值觀。

實施這種 OKR 及配套措施後，優則倍思的各部門或團隊都擁有相當大的裁量權限，OKR 的運用規則也相當彈性。而主管會主動找團隊成員討論，或與負責管轄該部門的執行董事討論、協調，在充分溝通後設定 OKR，並視情況隨時重新評估相關內容。

再者，由於優則倍思在選擇實施 OKR 時，特別重視員工對「OKR 價值的認同」，因此 OKR 似乎深得許多員工的心，主管階層也沒有對 OKR 的導入表示質疑。

以往員工們總會認為公司使命有點「摸不著邊際，就是個口號」，但現在他們感覺更踏實——這應該也可說是導入 OKR 的一大成效吧！

對優則倍思而言，導入 OKR 的意義，或許是讓大家對彼此的目標和動向有共識，不再互相猜忌也不再做無謂的討論。優

則倍思表示，未來也會持續檢核 OKR 在執行層面的成效，不敢鬆懈，以避免 OKR 淪為徒具形式的機制。

活用 OKR 的「重點」為何？

重點❶ 找出適合自己的 OKR 模式

佐久間董事長發現「世上沒有一套適用任何組織的 OKR」之後，便擬訂了一個政策，那就是「總之先試著導入看看，越早碰壁失敗，就能趕快重新調整腳步」。

> OKR 的導入和運用，都沒有固定的操作方法。企業需要自行摸索出一套適合自家公司的做法。

重點❷ OKR 的適用程度與企業文化有關

優則倍思內部有一套「共同的價值觀」，這七大規範（見第 129 頁）和 OKR 的相容性極高。

> 沒有任何一種職務類型或部門本來就適合實施 OKR。「適合與否」其實是和公司的商業模式與企業文化息息相關。

重點❸ 企業方向仍是高層的職責

　　經營者每年都要提出一個聚焦的主題，並讓各團隊發揮該有的功能，以實現當年度的主題。

> 　　雖說 OKR 是一種由下而上的思維，但指出企業組織的方向，是經營高層的職責。

重點❹ 回顧 OKR 時，要讓員工樂在其中

　　事先指定主持人，各團隊也會先回顧自己的 OKR，備妥發表資料，還會指定發表完後由誰講評，以炒熱會議的氣氛。

> 　　「依 OKR 指標進行考核」要安排得夠精彩，好讓員工能樂在其中。而考核過程想辦得有聲有色，就需要經營高層的背書。

15

活用 OKR 的「常見情況」為何？

常見情況 ❶ 受制於導入初期的規則

> 目前看來似乎是一邊摸索適合自家公司的做法，一邊也要懂得隨時調整運用規則的企業，實施 OKR 後的成效較佳。建議隨時當機立斷地調整吧！

常見情況 ❷「任人擺布」的氣氛瀰漫

> 要懂得導入一些方法，呈現「讓人樂於運用 OKR，並把它當作自己份內之事」的氣氛。若想妥善運用 OKR，使用者就要懂得多用巧思。

常見情況❸ 只有部分員工特別積極

　　不妨確實告訴全體員工：經營者也親自投入了 OKR 的推動。要讓 OKR 在全體員工心中扎根、在企業組織裡站穩腳步，經營者的背書尤其重要。

常見情況❹ 強迫讓人事考核與 OKR 連動

　　不必強硬地讓人事考核與 OKR 連動。尤其是當企業打算讓 OKR 連結員工薪酬時，事前需進行充分的調查、分析和協調工作。

圖解 OKR ㉔

OKR 能保障「底線」達標

了解公司目標，提升員工滿意度

所謂的「底線」（bottom line），指的是企業組織裡的員工，對於經營方針、人事考核、工作與生活平衡、薪資、福利等項目都滿意的狀態。OKR 也能協助企業的底線達標。

導入 OKR，員工可隨時確認自己是否與公司朝著同方向邁進，對公司願景也會產生認同。另外，企業組織的 OKR，如果少了能刺激工作動機的「期待感」和「共鳴感」，團隊或員工就無法與公司方向一致。因此，企業要懂得廣納個別的想法，員工就會對公司的經營方針產生共鳴。

另外，和 OKR 配套使用的一對一面談，則有助於培養員工對公司的信任，讓員工明白自己的工作方式和想法能獲得應有的肯定。當員工對公司的信任出現裂痕時，公司與部門 OKR 或團隊與個人 OKR 的不同調，便可讓企業在第一時間發現問題。

再者，許多企業都沒有公布人事考核、薪資、福利等政策，很容易讓員工心生猜疑。而已實施 OKR 的企業，多半都會讓員工自行瀏覽人事考核、薪資、福利等政策。

這種 OKR 其實有助於提升「員工滿意度」，確保公司的「底線」達標。

「底線」的定義

底線
||
員工對於企業的經營方針、人事考核、工作與生活平衡、薪資、福利等項目都滿意的狀態，是員工滿意度調查的一項指標

「底線」達標的效果

底線

| 對經營方針有認同感 | 獲得該有的肯定 | 獲得充分的休息 | 薪資水準優渥 | 員工福利完善 |

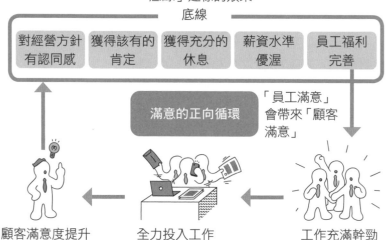

滿意的正向循環

「員工滿意」會帶來「顧客滿意」

顧客滿意度提升　　　全力投入工作　　　工作充滿幹勁

OKR 與「底線」的關係

導入 OKR 之後，員工就可隨時確認自己是否與公司朝著同一個方向邁進，對公司的願景、使命也會產生認同

透過一對一面談等工具，員工可隨時與主管溝通，對於公司給自己評價的妥當性以及認同感也會隨之提升

員工可自行瀏覽自家公司的經營方針、人事考核、薪資、福利等制度方針，消除員工對公司的疑慮

圖解 OKR ㉕

為員工帶來「學習機會」

設定職涯發展目標，促進員工成長

　　所謂的「學習機會」，指的是「在職涯上所設定的目標大致已達成的狀態」，或是「爭取得到有助於刺激自我成長的學習機會」。導入 OKR，就是一種「學習機會」。

　　在 OKR 中所訂定的「射月型目標」，可激發員工朝更高遠理想邁進的期待感，還能讓員工不因現在的工作而滿足，喚醒員工「追求更寬廣的視野，和更上一層樓的自己」的念頭。這些想法，能刺激員工學習前所未有的新思維、新手法和新技術，以實現那些「用既往做法無法達成的目標」。

　　或許也可以把「學習新思維、新手法和新技術」這件事設為 KR，例如擬訂「在三個月內學會○○技術，並反映在工作上」的目標。挑戰更高的目標，應能成為刺激你我快速學習的強大動機。

　　一個爭取得到「學習機會」的職場環境，不只身在其中的人感覺舒適，看在外人眼中，更是一個很有魅力的職場。換言之，在現今這個各行各業高喊人才荒的社會，這種公司在徵才上會非常有優勢。「這家公司在嘗試新挑戰」、「這家公司出來的人都很傑出」等好評，會為公司建構正向的人才循環，並可望成為企業在爭搶人才時的宣傳亮點。

「學習機會」的定義

學習機會
||
在職涯上所設定的目標大致已達成的狀態，或是爭取得到有助於刺激自我成長的學習機會

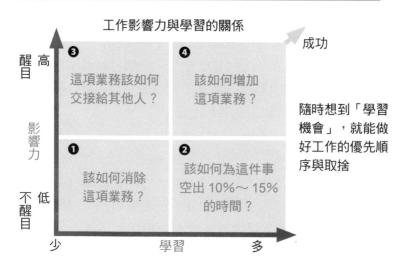

工作影響力與學習的關係

❸ 這項業務該如何交接給其他人？

❹ 該如何增加這項業務？

成功

醒目 高

影響力

❶ 該如何消除這項業務？

❷ 該如何為這件事空出 10%～15% 的時間？

不醒目 低

少　　　學習　　　多

隨時想到「學習機會」，就能做好工作的優先順序與取捨

OKR 與「學習機會」的關係

運用 OKR 規劃射月型目標，藉以學會過去所沒有的經驗、技術與知識

以「達成不可能的目標」為目標，故能不受既往做法及成功經驗局限，釐清自己還有待學習、加強的部分

實施 OKR 的企業容許失敗，所以明白「願意挑戰就一定能學到東西」的觀念

圖解 OKR ㉖

挑戰高難度，提升學習敏捷度
積極承擔高難度工作

　　所謂的「學習敏捷度」（Learning Agility），其實就是指「學習速度」，也就是「學習起步」、「學習轉換」、「學習速度」這三個項目的速度。OKR 鼓勵員工積極挑戰高難度的工作，故能激發、提升員工的學習敏捷度。

　　光輝國際（Korn Ferry）是一家總部設在美國的國際人事顧問公司。執行長蓋瑞・伯尼森（Gary Burnison）說，學習敏捷度就是「從經驗中學習的能力、意願，並能在新環境中成功運用」。換句話說，學習敏捷度是指「能主動發掘值得學習的對象、內容，且隨時渴望學習新事物」的態度。

　　光輝還用專業能力的精熟度（maturity），和對新領域的高度適應力（agility）為縱、橫兩軸，如右圖呈現出企業所需要的人才樣貌。在這張圖當中，越是偏右上方的人才，對企業組織的成長越重要。企業組織或團隊一旦擬訂了「射月型目標」，單憑既往步調學習的成果，絕不足以達成目標，因此員工需要努力提升的不僅是精熟度，更要強化適應力。

　　此外，員工也會開始尋求一些有助於個人開發新能力的機會，並積極承擔高難度的工作。

「學習敏捷度」的定義

學習敏捷度

‖

學習速度。指「學習起步」、「學習轉換」，
以及「學習速度」三個項目的速度

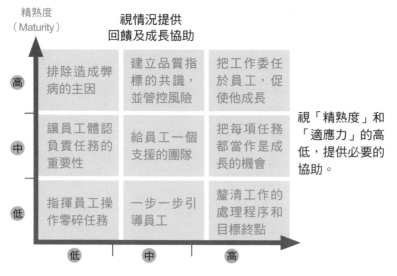

視「精熟度」和「適應力」的高低，提供必要的協助。

資料來源：依「光輝國際資料」重新編寫而成

OKR 與「學習敏捷度」的關係

相較於 KPI 或 MBO，OKR 依實際狀況調整目標（O）的
循環速度更快，有助於提升員工的學習敏捷度

平時就常得到主管的回饋，
逐漸培養出學習敏捷度

以「達成不可能的目標」為目標，因此馬上
就能拋開傳統習慣和舊資訊等桎梏

圖解 OKR ㉗

有效提升員工的「敬業度」
對公司懷有歸屬感

　　所謂「敬業度」，指的是「對企業組織懷有依戀、自豪和歸屬感」。對企業組織而言，公司與旗下員工之間若想建立積極合作的關係，以達成企業的目標，那麼員工對公司所懷抱的歸屬感和依戀，就顯得格外重要。

　　實施 OKR 之後，能讓員工對企業組織的願景產生共識。而且這個願景不是公司單方面強迫員工接受，而是員工們主動打造出來的。

　　換句話說，導入 OKR，不是在引起公司與每位員工之間的對立，而是可以把公司翻整成一片團結的沃土。讓員工自然而然地懷抱這種投入意識，是導入 OKR 可望達到的一人效果。

　　當全體員工都能懷抱著「企業組織的環境，有賴每個人自己親手開創」的意識，就不會再有人抱持負面想法，覺得「公司從來不為我著想」、「待在這家公司真痛苦」；而當員工願意接受「企業組織的環境能否改善，端看自己怎麼做」的觀念，就能切身體會工作所帶來的成就感，自然會對公司感到自豪。

　　如此實施 OKR，有助於改變員工心態，深化員工對企業的依戀與信任，進而展現對企業組織積極投入的心態等，將企業組織的營運帶入正向的循環。

「敬業度」的定義

敬業度

||

對企業組織懷有依戀、自豪和歸屬感
例如願意主動推薦親朋好友到自家公司來任職等

敬業度的效果

敬業度

| 對公司經營方針有認同感 | 公司成為員工自我實現的場域 | 員工過得自在有尊嚴 | 工作成果對公司或其他同儕有所貢獻 |

企業組織的營運
走入正向循環

「敬業度」有助於
促進企業與員工建
立良好關係

拜託你了。

成為具吸引力
的企業

提升員工的工作
成就感

員工信任
企業組織

「工作投入」與 OKR 的關係

OKR 制度能蒐集基層的創意想法，並與團隊、
公司的目標整合，讓員工對自己的工作和職場感到自豪

思考「在工作中能得到什麼」，
就能改變我們對工作的意識

了解「上一年度或前一年的工作，和目前承辦的業務有何
連結」，就能明白自己的成長，還可帶來成就感

圖解 OKR 28

勇於追夢，打造「創新組織」
「射月型目標」鼓勵員工適應變化

　　OKR 還能有效地將企業打造成一個渴望追求新挑戰的組織，也就是「勇於創新的組織」。

　　企業如果只是沿襲既往的做法，絕對無法達成射月型目標。換言之，「擬定射月型目標」這件事本身，其實就是以創新為前提。雖說導入 OKR 不是馬上就能做出創新之舉，但 OKR（特別是 KR）是以每季為一個週期來設定，等於員工隨時都會處在「挑戰某項創新」的狀態。就上述而言，我們應該也可以說「射月型目標」很能激發創新吧。

　　最重要的不是把「創新」列為目標，而是敢於在工作上追求理想或夢想，讓追夢後的結果掀起創新的波瀾。所謂的創新，可分為需求型（目的導向型）和種子型（技術導向型），而較有機會實現的，是需求型的創新。換句話說，我們為達到某個「需求」（理想或夢想），而運用一些方法（創新）——這是極其合理的選擇。

　　再者，OKR 並不是只要擬訂出目標和達成狀況就好，還會透過一對一面談等方法，不斷探問「設定這些 OKR 的目的是什麼？」此舉也有助於維繫員工對「改善現狀」的旺盛動機。

「勇於創新的組織」的定義

勇於創新的組織

‖

靈活適應變化，持續追求改善的狀態，
或妥善運用最新技術、方法的狀態

谷歌的組織示意

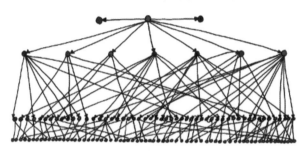

企業組織內的
「非正式網絡」
是催生創新的
搖籃

「勇於創新的組織」與 OKR 的關係

要打造出一個勇於創新的組織，關鍵除了心理安全感與跨領域合作之
外，還要負起相當程度的責任和期待。在企業、組織導入 OKR，乍看
似乎與上述要件背道而馳，其實更能保證員工面對責任和期待

包容失敗，嚴格要求學習意願

對「嘗試」的意願與嚴謹規律

心理安全感和近乎殘忍的直白

跨領域合作與個人的責任

扁平化但強大的領導統御

專欄 5

OKR 還有「公關工具」的功能？

優則倍思的行政部運用 OKR，設定了「烏尤尼專案」和「加勒比專案」這兩個射月型目標，績效斐然。

令人好奇的是，在這種射月型的 O 之下，究竟設定了什麼樣的 KR 呢？

以力求「打造閃亮潔淨辦公室」的「烏尤尼專案」為例，KR 有「每月安排一次大掃除時間」、「各團隊安排『衛生股長』」、「拿著垃圾袋在辦公室巡迴收垃圾」等。要落實這些 KR，當然還需要其他相關部門人員的參與 —— 很多人都認為，落實執行的難度將因此而大幅提升。

不過，實際執行時，由於行政部已確實將 OKR 的內容告知各相關部門，因此合作機制的建構，遠比當初預期來得容易。由此可見，落實布達 OKR，能有效整合公司內部的想法、目標。

未來，優則倍思也評估要將這些 OKR 的功能，運用在人才招募上。也就是要對外公開各部門的 OKR，讓有意加入優則倍思團隊的人，了解這個職場的氣氛。優則倍思認為，公開這些有特色的 O，更容易讓求職者了解各部門的特質與目標，在人才招募時，很能派上用場。這也算是 OKR 的一項用途吧。

第 6 章

如何進階活用
OKR？

聚焦目標的最佳利器

【案例企業】Mercari（https://about.mercari.com/）

順利串聯企業的使命與價值

Mercari 是以智慧型手機為平台的二手拍賣服務業界龍頭。該公司的服務於 2013 年啟用後（Mercari 在創立之初，公司名稱原為 KOZO，後更名為 Mercari 股份有限公司）迅速竄紅，並於同年獲選為 Google Play「2013 年最佳應用程式」的「最佳購物應用程式」。

之後，Mercari 成為日本第一家獨角獸企業（股票未上市，但企業估值逾十億美元的企業），於 2018 年 6 月在東證創業板（Mothers）風光掛牌。它快速成長的腳步，廣受全球矚目。

Mercari 另一個廣為人知的特色——它是積極推動 OKR 導入的表率企業。或者可以這麼說：OKR 開始受到日本各界矚目的一大原因，就是「大名鼎鼎的谷歌在用」，以及「日本的

Mercari 也導入」。

Mercari 的董事兼產品長濱田優貴表示，實施 OKR 的契機是因為「當年 OKR 在日本還沒沒無聞，我們想先了解它到底是什麼樣的一套工具」。Mercari 本來就有種風氣是「人事制度要隨時重新檢視」，因此導入新制度的門檻相對較低。而這也是 Mercari 決定導入 OKR 的原因之一。

在那段還沒什麼人懂 OKR 的時期，Mercari 內部對 OKR 的詮釋也曾出現歧見，但後來內部做出裁示，宣布「這本來就沒有標準答案」。所幸有這次的當機立斷，讓 OKR 得以在幾無任何阻力的情況下，順利導入。只不過，Mercari 並沒有把 OKR 當成「終極人事制度」。

Mercari 以「打造一個能催生出新價值的國際市集」作為企業使命。基本上，公司 OKR 的設定，就是要幫助公司完成這個使命。而各部門、小組和個人的 OKR 都與公司 OKR 串聯。

Mercari 原本就有一套獨有的考核基準——「價值」（value）。Mercari 所謂的「價值」，指的是「大膽做」（Go Bold）、「一切都是為了成功」（All for one）、「展現專業」（Be Professional）。這三種價值已在 Mercari 內部扎根，是大家習以為常的語言。例如會針對某個課題，聚焦討論「有沒有大膽做」。

Mercari 每季都會根據各項「價值」內涵，頒發 Value 獎給勇於追求價值、足堪嘉許的員工；對於行動兼具三項價值的員工，則頒發 MVP 獎。前述的 OKR，是做為量化的考核；而此處的價值，則是給員工質化的考核。

Mercari 的考核制度，就是用這兩套系統來考核可用數字量測的項目，以及無法用數字量測的項目。Mercari 曾公開表示「使命和價值很重要」，而這樣的考核制度，或許也體現了相同的思維。

KR 要簡單明瞭，避免太過繁瑣

如前所述，對 Mercari 來說，導入 OKR 是為了讓員工對公司發展的方向有共識。至於 OKR 的管理，大部分是由各部門主管負責決策、裁示。畢竟 Mercari 原本就很重視由下而上的管理模式。

先前提過，Mercari 的 OKR，是呈金字塔形的連結。但整個企業組織或各階層之間，並未針對細節進行嚴謹的協商、整合。因為 Mercari 認為，「讓大家都聚焦在目標上」，才是實施 OKR 的目的。不過，員工還是可以透過 Mercari 自行開發的管理系統，瀏覽各部門、各團隊的 OKR。

　　此外，Mercari 的 OKR 還有一些特色，包括「O 與 KR 不一定要有明確的連結」、「KR 應力求簡單明瞭」。OKR 的基本原則，固然是「用 O 擘劃出遠大的夢想、理想，再用 KR 來擬訂目標的具體細節」，但也因此，讓 KR 容易流於「滴水不漏」，如此一來會束縛基層員工的行動。

　　再者，如果規定得太細，凡事都是「這項工作就○○，那項工作就▲▲」，恐怕更無法凝聚團隊所有成員的目光。再者，團隊成員之間恐怕會變得難以自行協調，徒增主管階層的工作負擔。

　　因此，Mercari 認為讓人不禁懷疑「KR 可以那麼粗略嗎？」的水準，才能培養出讓員工勇於表現的風氣。舉例來說，美國 Mercari 的產品管理團隊，在「加速美國事業成長」這個龐大的 O 之下，設定了下頁的 KR。*

---

* 資料來源：〈為什麼 Mercari 把產品團隊九成以上的資源，都投注在美國
　Mercari ？〉，線上雜誌《職涯黑客》（*CAREER HACK*），2017 年 1 月 5 日）。

- 減少美國的洽詢件數！

  將賣家的洽詢件數降至＊＊％。
  將買家的洽詢件數降至＊＊％。

- 提升美國的單月成交總金額（GMV）至＊＊美元！

  續購率提升至＊＊％。
  商品上架數量提升至＊＊％。……

　　Mercari 在實施 OKR 之初，就是以「季」為單位設定OKR。當時內部固然有一些疑慮，擔心「每三個月就重來一次，對考核者和被考核者而言，都是很沉重的負擔。」、「就面談等業務的成本來考量，期間會不會太短？」

　　Mercari 的商業活動，都是在瞬息萬變的網路業界。在這業界，就算有想挑戰的目標，說不定過幾個月之後，情勢早已不同往日，目標的價值也已截然不同。因此，Mercari 認為要是OKR 的設定期間再拉得更長，恐怕會跟不上大環境的變化，所以才決定以「季」為單位。

　　Mercari 也會定期舉辦教育訓練或場外會議（Off-site Meeting），以便讓各團隊分享彼此的 OKR。此外，Mercari還推行一對一面談，以防主管和部屬之間的觀念出現落差，

並確認 KR 的進度等。在規模急遽擴大、員工人數大量增加的 Mercari，為確保全體員工的觀念、認知相同，這些追蹤措施樣樣都不可或缺。

因為導入 OKR，讓員工學會把自己的工作和企業使命放在一起思考。人人懂得思考的結果，便能釐清自己「現在該做什麼事」，也明白自己從事的工作的價值 —— 這正是 Mercari 導入 OKR 的意義。

透過平台分享，見證 OKR 運行順暢

Mercari 設立了一個以「介紹 Mercari 的工作」為主題的內容平台「Mercan」，目前仍由 Mercari 自行營運、管理。

該平台非常特別。平台上會有來自 Mercari 各團隊的員工，輪流介紹自己平時的工作，或日常所發生的事。內容包括內部活動的宣傳，布達公司最新動態與使命的專題文章，也有溫馨歡樂的部落格式小品文。

有趣的是，這些看起來像是公司內部刊物上的內容，全都是對外公開的。據了解，自從開設 Mercan 之後，不僅加深了內部員工對彼此的認識，在 Mercari 的招募活動當中，這個平台也

立下了大功——對外部的民眾而言，它成了一個可以窺見「在 Mercari 上班，會是什麼狀況」的地方。

在 Mercan 平台上，也常有機會提到 OKR。如前所述，在 Mercari 各部門的 OKR 管理，大部分是交由各部門主管負責決策、裁示。就這角度而言，Mercan 所描述的情景，是實際了解「OKR 如何在基層員工身上發揮效用」的珍貴內容。

例如在 2019 年 1 月 11 日發布的 Mercan 貼文中，有則由 Mercari 的子公司——Merpay 的「人才與文化小組」（Talent & Culture），所發表的場外會議（教育訓練）報告。

這篇教育訓練的貼文內容分為三大部分：第一個部分是由全體與會者共同參與的「個人優勢分析測驗」（StrengthsFinder），透過回答各式各樣的問題來了解個人資質；第二部分是發表 OKR；第三部分則是新年期間應景的全員開春揮毫活動。

發表 OKR 是整場活動的重頭戲。這篇貼文提到「協理和經理分別發表一到三月的 OKR。先是由長官們仔細地說明擬訂的原委和對團隊成員的期許等，接著再進入行動計畫的討論」。

另一篇在 2018 年 3 月 27 日發表的貼文，則是介紹負責全公司營運管理的「行政部」（含人資、公關、行銷、勞務、總務、稅務、經理、會計、財務、法務、總經理室、企業工程，

共十二個團隊）每半年一度的教育訓練。這場活動有總經理、
各部門主管和團隊成員出席，是左右公司整體經營方針擬訂的
集會。

舉辦這項活動的目的之一，是為了「分享、討論各部門未
來半年的 OKR 和計畫，藉以了解公司內各團隊所扮演的角色，
提升計畫的執行品質」。

這些貼文內容，是 OKR 已在 Mercari 扎根的最佳明證。

(17)

進階活用 OKR 的「重點」為何？

重點❶ 重「質」又重「量」的制度

前述的 OKR，是做為量化的考核；而這裡討論的價值，則是給員工質化的考核。Mercari 的考核制度，就是用這兩套系統，來考核可用數字量測的項目，以及無法用數字量測的項目。

> O 是質化指標，KR 則是量化指標。OKR 是從質化和量化這兩個面向，進行目標設定的一套機制。

重點❷ 目標有挑戰，帶來更多創新

Mercari 認為，讓人不禁懷疑「KR 可以那麼粗略嗎？」的水準，才能培養出讓員工勇於表現的風氣。

> 透過設定挑戰目標的方式來激發創新，是新創企業需要具備的觀點。而 Mercari 也的確做了很多創新。

重點 ❸ 人人都能明白自己工作的價值

人人懂得思考的結果，便能釐清自己「現在該做什麼事」，也明白自己從事的工作的價值 —— 這正是 Mercari 導入 OKR 的意義。

> 讓員工看到公司要邁進的方向、短期目標，以及主管對達成目標所做出的承諾，就能將企業耕耘成一塊足以凝聚眾人之力的沃土。

重點 ❹ 打造溝通平台是關鍵

據了解，自從開設了 Mercan 這個平台之後，不僅加深了內部員工對彼此的認識，在 Mercari 的招募活動當中，這個平台也立下了大功。

> OKR 要成功，溝通是很重要的關鍵。Mercari 把 Mercan 定位為一套與公司內外溝通的工具，這件事本身就意義非凡。

OK

18

進階活用 OKR 的「常見情況」為何？

常見情況❶ 沒考慮過重新檢討人事制度

很多人容易有類似的誤解，認為人事制度是不容挑戰的圭臬，事實上並非如此。若現行制度與自家公司或實際情況有衝突，都可以適時調整。

常見情況❷ 認為「要激發創新，就一定要用 OKR」

建議各位不妨先仔細確認 OKR 和 MBO 的優缺點。另外，OKR 與其他人事制度合併使用也完全沒有問題。

常見情況❸ KR 設定得太嚴謹

建議各位不妨將 OKR 定位為「凝聚所有成員焦點」的工具，接著再把「主動提案與行動」當作團隊所有成員的目標，並設定相關 KR。

常見情況❹ 好不容易設定出 OKR，已不合時宜

每家公司設定 OKR 的頻率各不相同，但建議至少每年應該重新評估一次，否則 OKR 可能無法切合公司或事業的實際現況。

圖解 OKR ㉙

只有部分部門導入 OKR 也可行

只在適合的組織或部門導入 OKR

近來，常聽到「OKR 又新又好，KPI 或 MBO 都已經過時了」之類的意見。這種看法實在是大錯特錯。

我列舉幾家較具代表性的跨國科技公司（如右圖）。這幾家企業中，已導入 OKR 的是谷歌和臉書，而微軟（Microsoft）和亞馬遜（Amazon）等企業則是同時採行 KPI。兩者沒有優劣之分，企業本身適合哪套方法，才是最重要的。

常有人說「OKR 適合用在創意部門」，但案例介紹過的優則倍思是在管理部門導入 OKR 制度，同樣成效卓著。

一般而言，在「想加入創新思維」、「組織是為了成就員工的自我實現而存在」、「想讓企業願景在組織中扎根，並以員工的共識為前提，推動各項管理」、「想強化企業組織、團隊和員工的連結，讓成員願意相互扶持」等情況下，OKR 較為有效；在「想達成基本業績目標」、「希望員工規律地做好例行工作，以維持品質和產量穩定」、「想透過由上而下號令的方式，讓企業願景在組織內落實」、「想讓目標管理百分之百與人事考核連動」時，KPI 會是個比較合適的選擇。

企業組織究竟適不適合使用 OKR，關鍵不在於職務類別或業態區別，而是需要衡量其目標和文化，來妥善判斷。

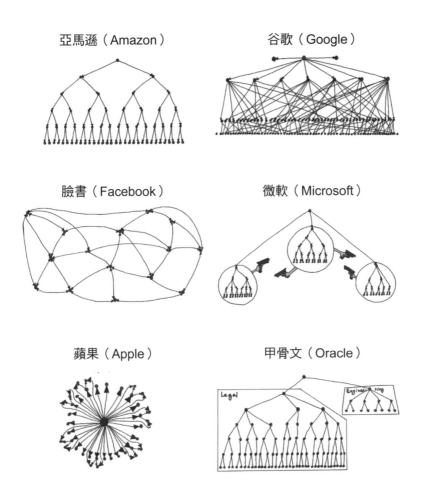

GAFA 等企業的組織樹狀圖（示意）

亞馬遜（Amazon）　谷歌（Google）

臉書（Facebook）　微軟（Microsoft）

蘋果（Apple）　甲骨文（Oracle）

實施 OKR 的目的，在於「蒐集基層的想法和觀念，並協助落實」。
因此，有心追求這點的部門，就適合導入 OKR；無意追求的部門，就
不適合使用 OKR

圖解 OKR 30

O 是為了實現願景而存在

活用 OKR，讓員工對公司願景有共識

　　一般的確有人會說 OKR 是「目標管理法」，但誠如前文說明，OKR 的適用範圍其實相當廣泛，只不過核心在於「一致化企業組織與個人的目標方向」。也就是說，企業組織要先設定目標「O」，再訂定「KR」做為指標，接著由員工擬訂個人 OKR，以實現企業組織的「O」。這樣就能一致化企業組織與個人的發展方向。

　　而企業還可以運用 OKR「有助於一致化企業組織與個人的發展方向」這項特性，讓員工對企業願景有共識。說穿了，所謂的「願景」（企業組織衷心想達成，且已明文揭示的目標），就是從「企業組織的行動方針或價值觀」（核心價值）與「企業組織存在的根本原因」（宗旨）當中推導出來的內容；而實現願景需要按部就班，所以才有「策略」（實現願景所需的重要步驟、目的）；至於將這些策略化為具體目標的工具，就是企業組織裡的 OKR。見右圖的流程。

　　此外，要特別留意的是：如果願景單純只是喊喊的口號，那麼這套流程就無法有效運作。因此，經營者必須從企業的核心價值與宗旨中，提煉出一個具體的願景，讓每位隸屬於企業組織的成員，都能萌生「我想朝這個目標努力」的念頭。

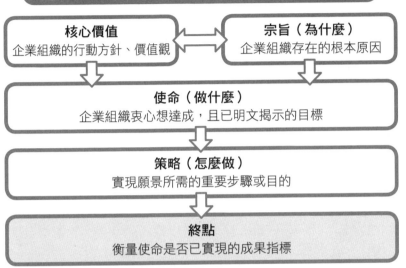

運用 OKR 讓「願景在企業組織裡扎根」的流程

核心價值
企業組織的行動方針、價值觀

宗旨（為什麼）
企業組織存在的根本原因

使命（做什麼）
企業組織衷心想達成，且已明文揭示的目標

策略（怎麼做）
實現願景所需的重要步驟或目的

終點
衡量使命是否已實現的成果指標

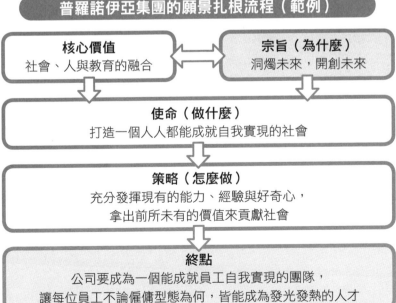

普羅諾伊亞集團的願景扎根流程（範例）

核心價值
社會、人與教育的融合

宗旨（為什麼）
洞燭未來，開創未來

使命（做什麼）
打造一個人人都能成就自我實現的社會

策略（怎麼做）
充分發揮現有的能力、經驗與好奇心，
拿出前所未有的價值來貢獻社會

終點
公司要成為一個能成就員工自我實現的團隊，
讓每位員工不論僱傭型態為何，皆能成為發光發熱的人才

圖解 OKR ㉛

OKR 結合入職訓練

OKR 讓新進員工穩定任職

近來，越來越多日本企業開始積極任用有經驗的轉職人才，作為企業的即戰力。此時很容易發生一個問題，那就是新進員工無法適應公司環境，迅速離職。

造成這種現象的主要原因，在於新同事「受到以往的組織文化框限」、「尚未充分了解企業組織的願景」、「沒機會與同儕好好聊一聊」等，都是溝通上的落差問題。

目前有一套「入職訓練法」，可望能成為消除這些溝通落差的工具，因而廣受各界關注。入職訓練中，企業會透過事先規劃的定期溝通，促進新舊員工融合，並持續為新進人員實施教育訓練，以防迅速離職的問題發生。此外，入職訓練還有一個目的，就是希望新同事能在最短時間內發揮生產力。

讓入職訓練結合 OKR，還可加強新進員工的穩定度。搭配 OKR 使用時，除了主管，應為每位新進員工安排入職訓練的導師，讓他們協助新同事進行 OKR 的擬訂與達成。也就是說，要透過一對一面談等方法，協助新成員協調、整合個人與公司的目標，讓他們能確實了解「自己該做什麼」、「自己做的事究竟對不對」等。

「入職訓練」的流程

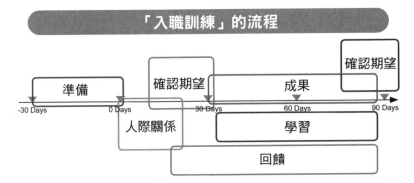

確認期望

準備　　確認期望　　成果　　確認期望

-30 Days　　0 Days　　30 Days　　60 Days　　90 Days

人際關係

學習

回饋

促進新舊員工融合，並持續實施教育訓練，以期能讓新進人員穩定任職。避免新進人員迅速離職，進而讓他們在最短時間內發揮生產力

「入職訓練」與 OKR 的關係

導師和導生透過一對一面談，共同設定 OKR

導師掌握導生的 OKR 目標達成率

導師和導生透過一對一面談，再次設定 OKR

確認期望

準備　　成果　　確認期望

-30 Days　　0 Days　　30 Days　　60 Days　　90 Days

人際關係

學習

回饋

員工資料建檔擬訂訓練計畫

導師與導生透過面談建立信任關係。講解 OKR 與一對一面談的運用方法

在一對一面談當中，回饋一些在邁向目標的過程中，所碰到的問題或課題

在新員工邁向目標的過程中，提供必要的協助或學習機會

一般而言，入職訓練都可以和 OKR 搭配運用。除了主管，應為每位新進員工安排入職訓練的導師，負責協助導生 OKR 的擬訂與達成

圖解 OKR 32

盡快了解 OKR 的方法

舉辦工作坊，讓 OKR 在組織內扎根

若要 OKR 發揮最完整的功能，就需要企業組織的每一位員工都確實了解「OKR 的意義」、「OKR 的運作機制」、「企業組織、部門、團隊和個人 OKR 的設定方法」等。

若想讓成員盡快了解 OKR，那麼舉辦工作坊會是一個很有效的方法。因為工作坊除了可培養員工對 OKR 的共同認知，也能了解 OKR 的運用知識與技巧。

通常工作坊會在 OKR 的導入階段舉辦，但光是這樣還不夠。當企業面臨「內部成員不清楚導入 OKR 的目的」、「雖有使用 OKR，但僅被當作是目標設定、目標管理的工具」、「在一對一面談中，只有主管單方面地向成員訓話」等問題時，就可以積極地舉辦工作坊。

畢竟當企業組織裡的成員無法確實了解 OKR 時，OKR 就會淪為有名無實，徒具形式。企業可先找出推動上的瓶頸，如有需要可在團隊內部舉辦工作坊，或召集主管、部門長，甚至是經營高層，來辦理專屬的工作坊活動，就可望能有效地導入、運用 OKR。

要讓 OKR 發揮它該有的功能，光是「設定出 O 和 KR」絕對不夠。企業需要隨時在內部確認 OKR 的意義，並視情況修正、微調員工對 OKR 的認知。

遇有這些情況時，最好舉辦工作坊

❶ 內部成員不清楚導入 OKR 的目的

❷ OKR 被當作是和 KPI、MBO 一樣的目標設定、目標管理工具

❸ 一對一面談流於形式，內容只有主管單方面地向成員訓話。（在密閉空間開會、員工會想逃避開會）

在上述這些情況下，即使實施 OKR，往往很難帶動企業改變

為企業幹部所舉辦的工作坊（範例）

上午	下午
思考公司的願景和使命	設定公司、組織的 OKR
• 各自表述對公司願景和使命的認知，掌握彼此的認知落差 • 提出公司整體的射月型目標 • 針對員工該有的意識與行動建立共識 • 學習何謂心理安全感	• 學習何謂 OKR • 設定公司整體的 OKR • 決定由哪個組織團隊負責管理公司 OKR，並針對組織團隊的方向性建立共識 • 學習運用 OKR 時所需要的管理手法和一對一面談

辦理工作坊，是要讓準備導入 OKR 的公司和組織團隊裡的每一位成員，了解實施 OKR 的旨趣，以及該如何運用這一套工具。因此，在工作坊中，除了要培養全體成員對 OKR 的共同認知，布達 OKR 運用方法的相關知識，也很重要

圖解 OKR ㉝

坦誠溝通是建立信任的途徑

舉辦教育訓練，深化 OKR

要有效地導入、運用 OKR，還有一個有效的方法，那就是舉辦教育訓練。相較於工作坊，教育訓練通常會在企業希望加深經營高層對 OKR 的理解，或想擬訂相關政策時辦理。

具體而言，就是要「與核心幹部共同確認導入 OKR 的旨趣」、「擬訂企業組織的 OKR」、「評估組織策略，並建立共識」「重新檢討 OKR 的運用方法」等。教育訓練很能在關鍵時刻發揮功效，例如讓討論多時仍無結論的政策拍板定案等。

教育訓練要在上班時間舉辦，因此頻率可以不必太高，例如「每年舉辦一場教育訓練，擬訂公司組織的 OKR」即可。最重要的，是讓與會成員騰出一段時間，在有別於平常的地點，專注地評估、思考議題內容，並當場做出決定。

離開辦公室，選定「在這天，這段時間裡，全心全意地面對 OKR」，能讓成員轉換心情，用全新的觀點來面對眼前的課題。教育訓練期間，所有與會者長時間待在同一個空間裡，對彼此想法都有共同的認知，也會較容易協調、整合意見。

若要加深經營高層或主管階層對 OKR 的了解，讓他們對 OKR 的認識更扎實，教育訓練也會是套非常有效的工具。

舉辦教育訓練的好時機

❶ 想確認公司現況或方向，並與核心
幹部共同確認導入 OKR 的旨趣時

❷ 要擬訂企業組
織的 OKR 時

❸ 要評估企業組
織或團隊該有
的策略，並建
立共識時

為了讓 OKR 的運用成為真正有意義的活動，教育訓練確有其必要

以主管為參加對象的 OKR 學習教育訓練（範例）

第 1 天上午	第 1 天下午	第 2 天上午
思考什麼是 「理想的管理」	回顧個人既往經驗， 從中發現改革靈感	設定 OKR，並讓它 在組織團隊中扎根
・透過生命旅程的 分享，讓主管可以 加深對彼此身為 「人」的認識 ・學習企業組織今後 該有的樣貌 ・回顧自己以往所做 的管理	・學習何謂 OKR ・認識主管在 OKR 運用過程中所扮演 的角色 ・學習一對一面談的 進行方式與注意事 項等	・擬訂團隊 OKR， 並公開發表 思考該如何讓組織 ・OKR 在團隊成員 心中扎根 ・化組織的 OKR

以經營管理階層為主角，找出導入時可能發生的問題，討論並重新
定義適合 OKR 的管理型態。教育訓練中會思考「究竟為什麼要導入
OKR」、「公司的願景和使命，如何與個人的自我實現整合」等議題

專欄 6

習慣「自己決定」

那些還不熟悉 OKR 的人，如果突然告訴他們「請自己設定目標」，恐怕很難順利完成任務。很多人會說，問題的原因出在日本人特有的個性上，但我覺得不盡然。

舉例來說，在我們普羅諾伊亞集團負責公關工作的平原小姐，才二十多歲，已經懂得自己設定多項目標，還負責處理大量業務。因為她負責的業務量實在太大，所以在每週一次的一對一面談上，甚至還討論不完所有預設的議程。

平原小姐表示，她能處理如此龐雜的諸多業務，背後的原動力，來自於她已清楚地看到自己「想做的事」，也能明確掌握自己該做什麼努力，才能去做那些想做的事。換句話說，正因為她能主動地立定目標，所以才有高昂的鬥志，推動她去處理如此大量的業務。

平原小姐曾於 2018 年，代表日本出席一場有關永續開發目標（SDGs）的青年國際會議。從那之後，她在永續開發目標的推動上投注很多心力，還向一些對永續開發目標有興趣的大企業經營者毛遂自薦，親自向這些企業家做簡報，找尋合作夥伴。

在傳統的日本企業中，二十多歲的女性想向大企業毛遂自薦，甚至見面談生意，根本就是天方夜譚；然而，平原小姐她辦到了。

若能像她那樣，即使原本對「自己決定」感到遲疑不決的人，只要持續使用 OKR 半年，就會逐漸熟悉它的運作，反而變得能夠積極地行動。

第 7 章

為什麼現在企業
需要 OKR ？

OKR 為什麼會這麼受到關注？

「人」的問題，是每個企業面臨的課題

日本的景氣自 2016 年以來，呈現緩步升溫的趨勢，據說已創下「戰後持續最久的景氣復甦」紀錄。的確，有部分大企業獲利驚人，員工的薪資也隨之上漲。可是，這些大企業，現在真的氣勢如虹、銳不可擋嗎？

我並不這麼認為。因為眼前的榮景，就某種程度而言，是靠著過去的累積和重組等措施撐出來的。而最重要的，就是近年來，日本的大企業幾乎不曾推出過創新的產品或服務。

我認為這樣的現象，很大部分的原因在於「人」的問題。最近，「勞動型態改革」的確是在日本大行其道，各界都在高喊著要「降低工時」、「提升業務效能」。此外，對於社會新鮮人的雇用，則呈現「求才若渴」的狀態，到處都能聽到企業

界大嘆人力不足的聲浪。然而，日本企業無法成長，人才荒或
業務效能的問題尚在其次，其中的關鍵因素，在於無法充分活
用人才。

　　日本企業無法充分活用人才的主因之一，是大企業的使
命和願景，根本沒有在內部扎根所致。戰後，在日本大企業當
中，「經營者慷慨力陳公司使命與願景」的景象已不復見。反
之，每位成員都能對經營願景、公司使命侃侃而談的日本企
業，是那些新創公司。換句話說，我認為使命和願景能否扎
根，對於企業的發展會產生極大的差別。

　　缺乏創新的另一個主因，則是中階主管的能力不足。遺憾
地，許多日本的管理職人員，都缺乏人才管理的經驗、技巧和
心態。也就是說，日本企業裡的「好主管」實在太少。不僅肇
因於個人素質或經驗，更是牽涉到企業組織營運機制的問題。

　　例如，很多日本企業裡的主管，能和部屬好好一對一、面
對面談話的機會，就只有年底或年度結束前的考核面談而已。
如果主管只會看看部屬是不是每天早上準時出現在公司座位
上，或是只會單方面要求部屬自己來報告業績進度和客戶狀況
等事項，當然學不到人才管理的經驗和技巧——因為這些主管
和部屬溝通的機會，實在是少得誇張。

　　我有時會調侃，這種中階主管根本就是星際大戰裡的「帝

國風暴兵」＊。這些主管當中，究竟有幾位是把部屬當成人類來看待的？

很多企業的經營高層都會說：「我希望員工自己拿回主導權，積極地行動，但總是事與願違。」倘若中階主管缺乏激發他人工作動機，以及培養、提拔他人成長茁壯的經驗和技巧，高層的期盼恐怕難以實現。某種程度而言，這其實是機制面的問題。

達成很難但有機會辦到的目標

我以比賽型體育選手為例，說明現今日本企業所處的狀況，各位或許會比較容易明白。

通常，比賽型的體育選手會設定一些「很難達成，但說不定有機會辦到」的記錄，作為個人的目標，例如像「取得奧運參賽資格」或「一百公尺要跑進十秒以內」等。運動員時時要求自己挑戰這些「和過去不一樣的事」、「沒人做過的事」。反而言之，運動員必須一直朝著這些挑戰目標奮力邁進，並常保高昂的鬥志才行。

＊ Stormtrooper，是一群無條件服從命令的複製人士兵。

同樣地，現今的日本企業，在中國和印度等新興國家崛起，日本國內市場萎縮等環境變化的情勢中，必須挑戰那些「和過去不一樣的事」、「沒人做過的事」。「只經營這個市場」之類的經營政策，將導致企業無法成長，也不再朝挑戰目標邁進。

可是，面對那些不習慣挑戰的員工，要他們「從今天起，就要像體育選手一樣挑戰新事物、不同以往的事」，然後胡亂開辦新事業，絕對不可能成功。這樣做只會徒增公司內部的混亂，猛踩地雷事業，或完全無法管理新事業等——因為日本企業的人事管理法，就算適合重複操作例行工作的業務型態，也絕不適合上述這種需要「追求挑戰」的工作。

日本企業會如此不知所措，是因為過去他們不需要面對挑戰，或是不曾受過讓挑戰化為現實的訓練所致。反而以往在日本企業裡，只要有人敢開口說「我想在這家公司裡做這樣的事」，或許會馬上被主管打回票，訓斥說「你講這些話未免也太不知天高地厚了吧？與其說那些，先把眼前的事做好吧！」

又或者公司裡都是老闆握有絕對權力，要求員工「聽我的！跟著我做！少廢話！」，事業發展全都是由上而下發號施令，幾乎從不問員工的意見（這種企業在東亞地區似乎特別多）。長期下來，追求挑戰的文化、技巧和經驗，當然都無法

在企業組織裡扎根。

倘若日本國內市場還在成長，那還另當別論。可是，今後用過去那套做法，企業恐怕很難再有成長，因為既然要把「和過去不一樣的事」、「沒人做過的事」當作專案事業來推動，就需要有套像是在管理挑戰極限的體育選手的機制。

我認為，KR 和一對一面談，才是解決方案。

誠如前文所述，導入 OKR 之後，不管是員工或主管，就會懂得以企業組織的願景為大方向，自行思考部門、團隊和個人究竟該做什麼，進而擬訂 OKR。例如因獲得谷歌鉅額投資而聲名大噪的公司 ABEJA*，就導入了 OKR 做為由下而上凝聚意見、迅速推動事業發展，並策略性地提升企業表現的一套工具。

整合公司內部的過程中，主管和部屬之間需要進行更密切的溝通，也就是一對一面談。主管可透過每週一次的會談，了解部屬想做什麼、有何期望，再結合部屬的價值觀、個性和信念，一起設定 OKR。

此外，在一對一面談當中，主管也可以確認部屬的「OKR是否合宜，有無更動、修正的必要」等，協助部屬成功達標。

---

* 日本知名 AI 與機器學習公司。

藉由這樣的過程，主管就能學會如何管理、激勵人員，並習得培育人才的技巧。

舉例來說，OKR 制度會請員工談談「為了實現公司的使命，你能做出怎樣的貢獻」、「你想透過工作做些什麼？獲得怎樣的成長」等談話，就和優秀教練請運動員為自己設定目標一樣。設定自己「想做的事」（自己的目標），就是企業在活用人才之際的一股原動力。

讓員工思考「自己的成長與貢獻」

想必很多人會認為，日本企業就算從今天開始實施 OKR，恐怕無法立刻順利發揮功效（本書所介紹的企業案例，在導入 OKR 之初，的確沒有順利步上軌道）。或許是因為他們覺得很多員工即使被問到「你想做什麼事？你的目標是什麼？」，也回答不出來吧。

然而大可不必擔心。只要公司高層親自承諾，拿出毅力來實施 OKR，最後一定能讓自家公司獨有的 OKR 文化扎根。舉例來說，OKR 企業當中最具代表性的谷歌，也有些員工不太熟悉 OKR。

畢竟很多人是從別家公司跳槽到谷歌，當中有不少人根本沒設定過 OKR，只熟悉 KPI 的人也不在少數。這些人在來到谷歌之初，接到「請自己決定目標」的指令時，同樣摸不著頭緒，無法將自己的目標化作具體文字。因此，他們所設定的 OKR，往往會很糊籠統。

不過只要透過一對一面談，告訴這些 OKR 的新手「你想獲得怎樣的成長？你能為公司做什麼貢獻？請你再仔細想想看」，他們就能逐漸熟悉 OKR。

其實所謂的 OKR，是一套讓員工思考「**自己的成長與貢獻**」的機制。所以就算是 OKR 新手，只要熟悉這套思維模式，工作表現就會漸入佳境。「說出自己想做的事」、「自己決定工作內容和時間分配」，就是這麼令人發奮向上的素材。「思考個人的角色與成長」這件事，成了內發的動機來源，激起員工對工作的動機。

但是，要讓 OKR 在企業、組織裡扎根，光有一對一面談還不夠。企業組織本身也要付出相對的努力，例如舉辦工作坊或研習活動，也就是在 OKR 的運用階段，進行「如何考核 KR 的達成狀況」、「如何安排一對一面談？面談又該如何進行」等議題的教育訓練。

這樣導入、運用 OKR 時的輔助角色，可由公司裡的人資部

門，或是我們普羅諾伊亞集團這種外部的服務廠商來扮演。尤其是當公司裡有熟悉 OKR 操作的人，例如曾在谷歌任職的員工等，OKR 的導入就能進行得更順利。

事實上，據說很多老谷歌人離職後自行開創的公司，都用 OKR 來進行人才管理。由此可見，只要熟悉操作，OKR 就是一套好用的利器。

另外，要是一開始就打算完整導入 OKR，以取代 KPI 來當作一套正確的目標管理法，那麼導入期的門檻，可能會稍微偏高一些。不妨放輕鬆一點，先設定「讓公司內部溝通更順暢」、「讓企業使命、願景滲透內部」等目標，把 OKR 定位為匯集基層想法的工具，先試試水溫也不錯。

管理法到了汰舊換新的時刻

導入 OKR 的企業案例中，運用 OKR 的方法五花八門。例如就「OKR 是否與人事考核與薪酬連動」這點而言，本書所介紹的各家企業，方法就有很顯著的不同。

如果員工或部門的工作績效一目了然，容易量化，那就可以與考核連動；反之，如果業務範圍不易界定，績效也難以量化，倒也不必勉強與考核串連。

重要的是制度要看起來簡單明白，且讓員工願意認同（若要讓 OKR 與薪酬連動，建議在實施 OKR 時要更審慎。尤其在導入之初，多半沒有明確的考核指標，需要一段嘗試錯誤期）。

不論如何，我相信「OKR」和「一對一面談」這兩套人才管理法，對日本企業具有很重要的意義——因為就某種層面而言，OKR 和一對一的思維，與日本企業以往某種由下而上凝聚共識的企業文化，極為相似。

在戰後的高度經濟成長期期間，任職於日本企業的那些主管和部屬，每天晚上在杯觥交錯的同時，也敞開心胸暢談「你想透過工作為公司做什麼貢獻」、「你想獲得什麼成長」。這些藉著酒意所做的溝通，無疑就成了企業戰士們成長的原動力（這種在把酒言歡時的真心話，有助於彼此坦誠溝通）。

換言之，日本的企業組織中，原本就有這種非正式的、類似 OKR 或一對一面談的人才管理機制。

反觀現今，我覺得或許由於上班族對這種晚間的溝通模式敬而遠之，或者在公司裡正式面談的機會太少，所以阻礙了企業組織成長的腳步。然而，時下年輕人越來越不喝酒，就算想找回昔日那種把酒言歡的文化，恐怕還是太過不切實際。因此，OKR 和一對一面談的重要性，便與日俱增。

如果是講求效率和生產力、由上而下式的管理，或許不需

要 OKR。在這種企業組織中，OKR 反而會是絆腳石。

　　最後想提醒各位的是，導入 OKR 時，請各位把它當成「更能彰顯公司特質的方法」來運用──因為就某種層面而言，OKR 是一種文化，需要以「適合自家公司的形式」來導入。只要能做到這點，推動 OKR 必能留下豐碩的成果，而不會僅是「谷歌的仿作」。

結語

OKR，是改革、獵才、溝通、創新的達標工具

彼優特 ▶ 感謝各位耐心讀到最後。我想各位平時應該天天都致
力於「改革企業體質，打造創新文化」、「網羅優秀
人才」、「讓企業營運公開透明」。而我因為想讓各
位知道，「導入 OKR」是實現上述目標的有效方案，
所以提筆寫下這本書。

星野 ▶ 書中介紹的這些企業案例，從導入 OKR 的背景，到
運用手法、活用方式等，可說是千差萬別呢。由此可
得：OKR 的確是一套可以用來取代 KPI 或 MBO 的目
標管理工具，也是基層員工和主管之間的溝通工具。

彼優特 ▶ 不過，無論是把 OKR 套用在哪些用途上，它們的共
通點，在於「尊重每位員工的想法與素質，進而提升
個人工作動機」。如何讓來自各種不同背景的人發揮
所長，創造成長機會，將決定日本企業今後的興衰。

星野 ▶ 我們普羅諾伊亞集團的員工人數雖少，但人人都有不
同的背景和志向。每位員工都發揮各自的專長，在職

場上大顯身手。

彼優特 ▶ 身兼慶應義塾大學系統設計管理系研究員，也在我們普羅諾伊亞集團任職的世羅小姐，目前仍以自由研究員的身分從事相關活動，不久前還剛出版了新書。還有，平原小姐在 2018 年以日本青年代表出席了 SDGs 的達沃斯會議。她為了推廣永續發展目標，現正著手準備創業。

星野 ▶ 她們的這些背景或優勢，乍看下似乎與眼前的業務無關，卻總會發揮意料之外的表現，或帶來一些我想都想不到的、天馬行空的創意。

彼優特 ▶ 所以我才會刻意任用一些思維、行動都和我大不相同的人（笑）。妳不也是從科技業大廠轉換跑道，才來到普羅諾伊亞的嗎？實際進到公司來任職之後，覺得怎麼樣？

星野 ▶ 我還在前一家公司任職時，曾因為你說了一句「妳還真是社畜＊欸」，而和你大吵一架。沒想到曾幾何時，我竟然進了普羅諾伊亞⋯⋯。想起當時那個忘了自己

＊ 意指為日夜為公司賣命，待遇猶如畜生的上班族。是日本上班族常用來自嘲或調侃彼此的詞彙。

是誰，忘了自己想為社會帶來什麼貢獻的自己，頗有恍如隔世之感。

彼優特 ▶ 因為當時妳忘了考慮「自我實現」的觀點。當妳熟悉工作內容，覺得自己是為了公司、滿懷驕傲地工作，就會覺得自己這樣一定錯不了，毋庸置疑——很多在日本企業工作的上班族，他們所面臨的現況就是如此。而公司也因為長期以來，都要求員工「有效率地拿出績效」，所以不會去思考如何輔導員工成就自我實現。可是照理來說，如果員工能在「公司」這個舞台上成就自我實現，必定會為公司帶來好處——如果員工在公司有學到東西的話。

星野 ▶ 人只要敢挑戰，就會充滿興奮、期待。哪怕只是挑戰一個看來愚昧的想法，都會發揮出意想不到的力量。

彼優特 ▶ 妳最近好像又開始做一些有意思的事情了，對吧？

星野 ▶ 我試辦了一個名叫「珠枝 * 小酒館」的專案。所謂的「小酒館」，其實只不過是一個比喻，目的是為了讓昭和世代 ** 的人能聚在一起，不管是酒館老闆娘或常

---

* 星野小姐的全名為星野珠枝（TAMAE HOSHINO）。
** 意指在昭和年間（1926-1988）出生的人，目前皆已逾 30 歲。

客，彼此的關係都對等，大家可以敞開心胸，呈現自己真實的一面，也就是打造一個師徒制的環境。因為我很希望昭和世代的人，能再次找回年輕時那些閃亮的夢想。

彼優特 ▶ 聽說這個專案的首號客戶，是日本的總務省*啊？後來很多企業和地方政府也都聞風而至，紛紛上門洽詢，真是太好了。據說五月份還要在那個備受全球關注，被譽為「比矽谷更先進」的高科技國家 —— 愛沙尼亞辦活動？

星野 ▶ 的確有人會跟我說「幫妳點一瓶酒來開啊」，但我沒有實體店面，所以只能恭敬地婉拒（笑）。會萌生這個「小酒館」的想法，是我以前在當上班族時，有位很照顧我的長輩，當年他快要退休前，分享了一些他的想法。這位長輩以前是個很精明幹練的系統工程師，但他卻說：「退休之後，我想去當導護爺爺，護送在地小朋友平安放學。我一直都很喜歡小孩，很想做這樣的工作。」

彼優特 ▶ 只要是自己喜歡的事，就能竭盡所能為社會貢獻，不

---

* 類似台灣的內政部。

計回報。能用自己的方式，和社會保持接觸——這樣
的工作的確很不錯。

星野 ▶ 大家都說今後是「人生百年時代」，但要掌握適當的
職涯轉換契機，似乎不是那麼容易。一方面我也想運
用我自己轉換工作跑道的經驗，盡量為大家創造這種
契機，所以現在正一步一腳印地耕耘當中。

彼優特 ▶ 我生於冷戰時期的波蘭，在一個鄉間的小村長大。小
時候曾為了買配給的糧食，在街上的商店排隊；也曾
被蘇聯士兵拿 AK47 步槍敲擊頭部。那是一段悲慘的
少年時期。當年想斬斷這樣的惡性循環、在全世界自
由來去的念頭，造就了現在的我。我們雖然無法預測
未來，卻可以創造未來。

星野 ▶ 關鍵就在於「創造未來」！對這種想法有共鳴的年輕
世代，陸續來到普羅諾伊亞任職。當中包括千禧世
代，還有再下一個世的的 Z 世代（2000 年到 2010 年
出生的數位原生世代）族群。這個世代的特質，我認
為是他們對於「社會貢獻」的意識非常強烈。

彼優特 ▶ 未來在商業的世界裡，以社會問題為出發點所提供的
價值，重要性應該會越來越高。所以，我認為經營者
更應該要真誠地面對年輕世代的想法和世界觀，在管

理的同時，也必須懂得傾聽他們的聲音。

星野 ▶ 就這層涵義而言，OKR 或一對一面談，或許都算是一種輔助工具，把你說的這種經營立場和管理能力灌注到企業裡，並讓它們扎根。畢竟主管們就算理智上知道要好好安排時間面對部屬、用心面談，但實際上做起來並沒有那麼容易……。只要導入 OKR，這一套機制自然就會在指定時間內將員工的目標可視化，而主管也能透過定期的一對一面談，提供有建設性的回饋。

彼優特 ▶ 我認為不見得一定要依樣畫葫蘆地運用 OKR 或一對一面談。先想想該從哪裡著手，再從本書所介紹的元素開始，慢慢嘗試也無妨。只要開始做，就會出現變化，例如溝通的傾向改變，或是員工開始有興趣了解彼此等。接著，請各位主管一定要試著和部屬聊聊以下這些話題。

> **· 減少美國的洽詢件數！**
> ① 你想透過工作得到什麼？
> ② 為什麼得到它這麼重要？（針對回答，再深入探討三次「為什麼」）
> ③ 什麼樣的情況下，會讓你覺得「這項工作處理得很不錯」？

④ 你為什麼選擇了（想選擇）現在這份工作？

⑤ 去年的工作內容，和今年的工作有什麼連結？

⑥ 你最大的優勢是什麼？

⑦ 我（我們）該怎麼協助你？

想必各位應該都已經發現這些問題和「剛才吃了什麼」、「你去了哪裡」之類的常見生活對話有何不同了吧？「剛才吃了什麼」等於「在意食物」，「你去了哪裡」等於「在意地點」。而這七個提問，全都是用來找出「對方價值觀」的內容。我把前者稱為「浪費時間的問題」，而後者則稱為「改變人生的提問」。

星野▶ 我常聽到一些案例，說公司已經開始實施一對一面談，但主管不知道該和部屬談些什麼才好，最後只好聽部屬流水帳式地報告完近況，便草草結束。如果真的不知道該在面談時談什麼，請各位務必提出這七大提問。

彼優特▶ 人都會對那些「對自己有興趣的人」敞開心胸。所以，只要認真面對彼此，談一些能深入探究對方本質的話題，對方應該就會愉快地打開話匣子。

有一種說法叫做「興奮之餘，心有不安」（uncomfortably

excited），是谷歌創辦人賴瑞・佩吉（Larry Page）在演講時提過的一種說法，直譯為「令人不舒服的亢奮」。

換言之，改革在令人滿心期待的同時，也總會伴隨著揮之不去的不舒服和不穩定等情緒。接下來準備導入 OKR 的企業，一定都會碰到這個階段的到來──在各位擺脫熟悉的做法和一直以來深信不疑的想法，挑戰新事物時，這是很理所當然的。

請各位把這樣的不舒服、不穩定，視為改革徵兆出現之際才有的、就某種程度而言是正常的反應。而在渡過這個階段之後，前方在等著各位的，就是能羽化出創新企業體質的蛻變。

另外，針對企業組織或團隊管理的部分，歡迎各位參閱拙作《世界最棒的團隊》、《向 Google 及摩根士丹利學習超高效會議術》。衷心期盼各位服務的企業，以及日本的經濟，都能突飛猛進地成長。

附錄
OKR 案例集錦

案例 1：
化妝品公司 A 的「公司 OKR」與「團隊 OKR」範例

【公司 OKR】

目標

門市數量增加 20%

關鍵成果

▶ 於 3 月底前決定 40 家新的加盟店候選名單

▶ 於 6 月底前完成其中 30 家門市的教育訓練

▶ 於 9 月底前與其中 25 家門市簽約

▶ 於 12 月底前完成 20 家門市開幕

【人資團隊的 OKR】

目標

於 3 月底前挑選出 40 家新的加盟店候選名單

關鍵成果

▶ 於 1 月底前收取 500 份履歷資料

▶ 於 2 月底前選出 60 位面談候選名單

▶ 於 3 月底前選出 40 位邀約面談的應徵者

【門市訓練團隊的 OKR】

目標

於 6 月底前完成 30 家門市的教育訓練

關鍵成果

▶ 於 4 月底前製作新版教育訓練資料和簡報

▶ 於 5 月底前辦理一個月的教育訓練課程

▶ 於 6 月底前，從完成訓練者當中挑選 30 名以上

【法務團隊的 OKR】

目標

於 9 月底前與 25 家門市簽約

關鍵成果

▶ 於 7 月底前備妥各項必要文件

▶ 於 8 月底前寄出草約

▶ 於 9 月底前與 25 家門市簽約

【營運團隊的 OKR】

目標

於 12 月底前完成 20 家門市開幕

關鍵成果

▶ 於 9 月底前選定 25 家門市據點

▶ 於 10 月底前完成門市改裝

▶ 於 12 月底前完成至少 20 家門市開幕（聖誕節之前！）

案例 2：
化妝品公司 B 的「公司 OKR」與「團隊 OKR」範例

【公司 OKR】

目標

獲利提升 10％

關鍵成果

▶ 導入反向拍賣機制，以調降價格 10％

▶ 外包門市配送業務，以撙節物流配送費 25％

▶ 於西洋情人節、父親節、母親節舉辦限時活動，創造去年同
期的 2 倍營收

【資訊團隊的 OKR】

目標

導入反向拍賣機制，以調降價格 10％

關鍵成果

▶ 於 3 月底前導入系統

▶ 於 4 月底前完成測試與系統整合

▶ 於 6 月底前讓新版反向拍賣系統正式上線

【物流團隊的 OKR】

目標

外包門市配送業務，以撙節物流配送費 25％

關鍵成果

▶ 於 2 月底前將公司自有配送車全數出售

▶ 於 3 月底前找尋供應商並採購服務

▶ 於 3 月底前完成外包

【行銷團隊的 OKR】

目標

於西洋情人節、父親節、母親節辦理限時活動，創造去年同期
的翻倍營收

關鍵成果

▶ 於 1 月底將提案書送交代理商

▶ 於 3 月底前擬訂活動策略

▶ 於西洋情人節、父親節、母親節執行活動

【財務團隊的 OKR】

目標

增加收益，降低成本

關鍵成果

▶ 於限時活動期間，創造去年同期的 2 倍營收

▶ 物流配送成本撙節 25％

▶ 落實降價 10％

案例 3：

公司 OKR 範例

【跨國企業的 OKR】

目標

海外事業的成長

關鍵成果

▶ 海外事業營收達 1 億圓以上

▶ 於歐洲、中東及非洲地區每年成長 100％

▶ 提供更高價的服務，提高平均業績 30％

▶ 加強客服，解約率每年降低 5％

【B2B 企業的 OKR】

目標

讓顧客開心

關鍵成果

▶ 每月詢問顧客 20 位以上的意見，以蒐集顧客回饋

▶ 顧客淨推薦分數（NPS）達到 9 分以上

▶ 顧客維持率提升至 98％

▶ 顧客維持率提升至 98％

▶ 達到每週活躍用戶（WAU）80％產品互動率

案例 4：
行銷團隊的 OKR 範例

【促銷團隊的 OKR】

目標 1

擴大有效潛在客戶（MQL）

關鍵成果

▶ 以電子郵件行銷創造 150MQL

▶ 以關鍵字規劃工具（Adwords）創造 100MQL

▶ 以有機搜尋（Organic Search）*創造 50MQL

---

* 指不透過付費廣告，而是讓使用者通過搜尋引擎的自然排序，找到自家網站的一種方式。

目標 2

顧客獲取率極大化

關鍵成果

▶ 改善行銷自動化流程

▶ 在 3 季度以內撙節客戶成本 20％

▶ 分析 ROI，用由上而下分析法和由下而上分析法製作新的 Excel 模型

【網路行銷團隊的 OKR】

目標 1

優化網站，以提升轉換率

關鍵成果

▶ 網站訪客每月增加 7％

▶ 登陸頁轉換率在兩季度以內提升 10％

目標 2

點擊付費式廣告（PPC）活動優化

關鍵成果

▶ 以谷歌的關鍵字規劃工具（Adwords）創造 150MQL

▶ 每次取得名單成本（CPL）控制在 4 元以下

▶ 點擊率（CTR）提升 2％

【內容行銷團隊的 OKR】

目標 1

開始派發電子報

關鍵成果

▶ 第一個季度發 3 期電子報

▶ 每月發布 1 期以上電子報

▶ 透過電子報獲取 3% 以上的點擊率（CTR）

目標 2

部落格策略優化

關鍵成果

▶ 三季度之內發布 50 則貼文

▶ 找各領域專家，進行 5 篇以上的大人物專訪

▶ 獲得 5000 人訂閱

【公關團隊的 OKR】

目標 1

提升品牌知名度

關鍵成果

▶ 在第一個季度接受 30 家以上媒體採訪

▶ 與各領域網紅進行 15 場以上會談

▶ 在每年的年度大會上請至少兩位網紅上台分享

目標 2

與市調公司佛瑞斯特（Forrester Research）和高德納（Gartner）
建立更緊密的連結

關鍵成果

▶ 在第一個季度之內寫兩份報告

▶ 索取報告

▶ 在自家公司的線上研討會（Webinar）當中，將報告內容做成
兩次特集

▶ 請至少兩位分析師介紹新商品

【商品行銷團隊的 OKR】

目標

新商品成功上市

關鍵成果

▶ 完成商品網站

▶ 與公關團隊合作，宣傳商品機能

▶ 以顧客及合作夥伴為對象，舉辦特別預售活動

案例 5：
業務、業務管理團隊的 OKR 範例

【業務團隊的 OKR】

目標 1

建立新的銷售管道

關鍵成果

▶ 創造 1200 萬以上的現金流入

▶ 讓銷售管道創造出業績低標 5 倍的業績，接單成功率翻倍

▶ 每週辦理 7 款商品的演示

目標 2

建置國際級業務體制

關鍵成果

▶ 於 1 月底前錄用 10 位業務專員

▶ 於 1 月底前錄用 20 位內勤業務

▶ 於 1 月底前錄用 5 位業務經理

▶ 面試人數與錄取人數的比例維持 4 比 1

【業務管理團隊的 OKR】

目標 1

加強主要銷售區域的銷售力道

關鍵成果

▶ 與 50 家以上的企業建立新的合作網絡

▶ 增加 10 家以上的在地經銷商

▶ 業務專員的業績目標達成率 120％

目標 2

加強南美地區的銷售力道

關鍵成果

▶ 於南美地區開發 30 家新客戶

▶ 為南美團隊實施新的銷售訓練課程

▶ 取得有力客戶的五星評價

案例 6：
人資團隊的 OKR 範例

【育才團隊的 OKR】

目標 1

打造最優質的企業文化

關鍵成果

▶ 建立員工彼此回饋的機制

▶ 藉由 OKR 來釐清各部門的權責範圍

▶ 每週實施工作投入度調查（10 等級評分制），並取得 8 分以上的成績

▶ 養成習慣，每週讚揚員工的微小成功與進步。

▶ 每月舉辦一場活動，讓員工可就各種議題公開提問董事長或經營高層

目標 2
提升員工的工作投入度

關鍵成果
▶ 讓公司所有主管都能和部屬互相提供意見回饋

▶ 每週實施工作投入度調查

▶ 提出有助於提升工作投入的明確目標與期待

【招募團隊的 OKR】
目標 1
任用即戰力，提升團隊實力

關鍵成果
▶ 員工凡介紹外部即戰力人才且獲錄用者，可獲得獎金 500 圓

▶ 本年度內任用 25 位新進員工，補進 5 個人力短缺的部門

▶ 向已獲任用者徵詢對招募、面試流程的意見，請他們提供回饋

▶ 面試總人數與錄取人數的比例維持 4 比 1

目標 2

改善員工流動率

關鍵成果

▶ 建立員工彼此回饋的機制，提升績效管理的品質

▶ 每週實施工作投入度調查（10 等級評分制），並取得 8 分以上的成績

▶ 以全體員工為對象，每月進行「如何讓公司變得更好」意見調查

案例 7：
研發團隊的 OKR 範例

【技術團隊的 OKR】

目標 1

規劃新商品的架構

關鍵成果

▶ 建立商品 A 的研發團隊

▶ 和品質管理部共同進行 5 次測試

▶ 更新資料庫，並進行資料庫遷移

目標 2

打造具國際競爭力的研發團隊

關鍵成果

▶ 員工凡介紹外部即戰力人才且獲錄用者，可獲得獎金 500 圓

▶ 於兩個季度以內，任用 5 位享譽業界的工程師

▶ 面試總人數與錄取人數的比例維持 4 比 1

【系統工程團隊的 OKR】

目標 1

優化電子郵件發送系統

關鍵成果

▶ 擬訂新的重構計畫

▶ 針對新系統撰寫簡單易懂的使用說明書，並發送給全體員工

目標 2

提升產品試用版的品質

關鍵成果

▶ 獲得現有顧客 10％的試用

▶ 顧客淨推薦分數獲得 7 分以上

【企劃團隊的 OKR】

目標 1

成功上市新產品

關鍵成果

- ▶ 對 30 名以上的潛在使用者進行新產品訪談
- ▶ 匯整電商網站上的使用者評價 100 則以上,並與公司內部共享資訊
- ▶ 向自家公司的行銷、業務人員進行兩場以上的商品說明會
- ▶ 就商品功能的說明方面,向產品行銷團隊提出建議

目標 2

執行新商品研發、優化策略

關鍵成果

- ▶ 訪談潛在顧客 50 人,從中獲得意見回饋
- ▶ 請 20 名潛在顧客對使用者體驗(UX)的樣板提供意見,最終要在 10 等級評分制的評鑑當中,獲得 8 分以上的評價
- ▶ 釐清使用者體驗(UX)樣本的待改善點,至少 5 項
- ▶ 請業務團隊進行商品評鑑,並在 10 級的評分當中拿到 10 分

翻轉學 翻轉學系列 030

33 張圖秒懂 OKR

Google 人才培訓主管用圖解掌握執行 OKR 最常見的七大關鍵，
高效改革體質、精準達標
成長企業はなぜ、ＯＫＲを使うのか？

作　　　者	彼優特·菲利克斯·吉瓦奇（Piotr Feliks Grzywacz）
譯　　　者	張嘉芬
總 編 輯	何玉美
主　　　編	林俊安
責任編輯	黃品蓁
封面設計	張天薪
內文排版	黃雅芬

出版發行	采實文化事業股份有限公司
行銷企劃	陳佩宜·黃于庭·馮羿勳·蔡雨庭
業務發行	張世明·林踏欣·林坤蓉·王貞玉·張惠屏
國際版權	王俐雯·林冠妤
印務採購	曾玉霞
會計行政	王雅蕙·李韶婉
法律顧問	第一國際法律事務所　余淑杏律師
電子信箱	acme@acmebook.com.tw
采實官網	www.acmebook.com.tw
采實臉書	www.facebook.com/acmebook01

Ｉ Ｓ Ｂ Ｎ	978-986-507-114-1
定　　　價	320 元
初版一刷	2020 年 5 月
劃撥帳號	50148859
劃撥戶名	采實文化事業股份有限公司
	104 台北市中山區南京東路二段 95 號 9 樓
	電話：(02)2511-9798　傳真：(02)2571-3298

國家圖書館出版品預行編目資料

33 張圖秒懂 OKR：Google 人才培訓主管用圖解掌握執行 OKR 最常見的七大關鍵，高效改革體質、
精準達標 / 彼優特·菲利克斯·吉瓦奇（Piotr Feliks Grzywacz）著；張嘉芬譯 .－台北市：采實文化，
2020.05

216 面；14.8×21 公分 . --（翻轉學系列；30）

譯自：成長企業はなぜ、ＯＫＲを使うのか？

ISBN 978-986-507-114-1（平裝）

1. 目標管理 2. 決策管理

494.17 　　　　　　　　　　　　　　　　　　　　　　　　　109003379

成長企業はなぜ、ＯＫＲを使うのか？
SEICHOKIGYO WA NAZE, OKR WO TSUKAUNOKA?
written by Piotr Feliks Grzywacz, supervised by Pronoia Group
Copyright © 2019 Piotr Feliks Grzywacz
Original Japanese edition published by Socym Co., Ltd., Tokyo
Traditional Chinese edition copyright ©2020 by ACME Publishing Co., Ltd.
This Traditional Chinese language edition published by arrangement with
Socym Co., Ltd., Tokyo
in care of Tuttle-Mori Agency, Inc., Tokyo,
through Keio Cultural Enterprise Co., Ltd., New Taipei City.
All rights reserved.

翻轉學

翻轉學